ディープラーニング

G検定
ジェネラリスト

法律・倫理
テキスト

古川直裕［編著］　渡邊道生穂／柴山吉報［著］
一般社団法人 日本ディープラーニング協会［監修］

Japan
Deep Learning
Association

技術評論社

はじめに

　本書は、日本ディープラーニング協会の実施するディープラーニングG検定の法律・倫理分野の対策本です。ただ、試験対策本という範囲を超えて、AIに関する法律・倫理の重要事項や基礎を平易に解説する書籍という性質も持っています。

　筆者らは、AI開発を業とする企業に勤める弁護士であり、日常的にAIに関する法律問題や倫理問題を扱っているところです。そこで、この知見を書籍にし、AIの普及の促進に役立てられないかと考えていました。

　筆者らは、2020年に「Q&A　AIの法務と倫理」(中央経済社刊)という書籍を弁護士や法務担当者向けに執筆しました。この書籍は法律専門家向け書籍という性質上、法律の基礎的事項に関する知識を読者が持っている等前提のもと、ある程度高度な法律の問題や、法務担当者等がどうAI倫理にコミットしていき、どのような役割を果たすべきかという視点から書かれています。また、専門家向けの書籍のため大部で高価です。このため、一般の方に対するAIの法律・倫理に関する書籍としては、ややオーバースペックなものとなっています。

　一方でディープラーニングG検定受験生からは、「法律・倫理分野を基礎から解説してくれる本がなくて困っている」との声を耳にしており、このようなことから本書が誕生いたしました。

　本書では説明されていない難しい議論や詳細な議論に触れたい方は、上記書籍をご一読ください。

　本書の執筆にあたっては、AI倫理部分について、第1稿を江間有沙様(東京大学未来ビジョン研究センター准教授)、及び松本敬史様(有限責任監査法人トーマツリスクアドバイザリーグループマネージャ及び東京大学未来ビジョン研究センター客員研究員)にご検討いただき、さまざまなコメントを頂戴いたしました。

　また、遠藤利幸様(技術評論社)には快く本書籍の企画を引き受けていただきと同時に、内容面にも読者に配慮したさまざまなアドバイスを頂戴しました。

　さらに、日本ディープラーニング協会には、本書の趣旨に賛同いただき監修をいただくだけではなく、書籍企画時のアドバイス、過去問題の提供、本書の

査読といったさまざまな取り計らいをいただきました。

　この他、さまざまな形でご支援いただきました皆様にこの場を借りてお礼申し上げたいと思います。

　なお、本書の見解は、筆者ら個人の見解であり、所属する組織等の見解ではないことを念のため申し上げておきます。

　本書に関するご意見等は、お気軽に以下のメールアドレスまでご連絡ください。

nf0825ml@gmail.com

　最後に、本書によりAIの法律・倫理に関する知見が社会に広く広まり、AIの普及につながることを祈念いたします。

2023年4月

執筆者を代表して

古川　直裕

目次

第3章　AI倫理とAIガバナンス　143

試験の概要

■JDLAの検定・資格試験

　一般社団法人日本ディープラーニング協会（JDLA）では、ディープラーニングに関する知識を有し、事業活用する人材（ジェネラリスト＝G検定）と、ディープラーニングを実装する人材（エンジニア＝E資格）の育成を目指すため検定・資格試験を実施しています。

　各々に必要な知識やスキルセットを定義し、資格試験を行うとともに、協会が認定した事業者がトレーニングを提供しております。

　また、ディープラーニングは日進月歩する技術であることから、検定・資格実施年毎に実施年号を付与しています。

　本書は、G検定のシラバスの中でも法律・倫理分野に絞ったテキストであり、AIに関する法律・倫理の重要事項を、法律家以外の方でもわかるように基礎から平易に解説した書籍です。

　AI開発者やAIを活用してビジネスを行っている方、DX推進業務をされている方などにも幅広くご活用していただけるよう、G検定の試験対策に限定せず、実務に役立つ知識を掲載しております。

■G検定とは

　ディープラーニングをはじめとする、AIに関するさまざまな技術的手法やビジネス活用に必要な基礎知識を有しているかどうかを確認する検定試験です。

　体系的にAI・ディープラーニングを学習することで、「AIで何ができて、何ができないのか」「どこにAIを活用すればよいか」「AIを活用するためには何が必要か」が理解できるようになり、データを活用した新たな課題の発見やアイデアの創出が可能になる、デジタル施策の推進に自信が持てるようになるなど、ビジネスやキャリアの可能性を広げることができます。

　AI開発やDX推進に関わる方はもちろんのこと、デジタル時代のビジネスに関わるすべての人に広く受験いただくことを想定しております。

内容	ディープラーニングの基礎知識を有し、適切な活用方針を決定して、事業活用する能力や知識を有しているかを検定する
受験資格	制限なし
実施概要	試験時間120分 知識問題（多肢選択式・200問程度）、オンライン実施（自宅受験）
出題範囲	シラバスより出題
受験費用	一般：13,200円（税込） 学生：5,500円（税込）
試験時期	年に3回（3月、7月、11月）に実施予定 最新の情報はJDLA公式サイト（https://www.jdla.org）を参照
申込方法	詳細はJDLA公式サイト（https://www.jdla.org）を参照

■試験範囲

人工知能（AI）とは

人工知能の定義

人工知能とは何か、人工知能のおおまかな分類、AI 効果、人工知能とロボットの違い

人工知能研究の歴史

世界初の汎用コンピュータ、ダートマス会議、人工知能研究のブームと冬の時代

人工知能をめぐる動向

探索・推論

探索木、ハノイの塔、ロボットの行動計画、ボードゲーム、モンテカルロ法

知識表現

人工無脳、知識ベースの構築とエキスパートシステム、知識獲得のボトルネック（エキスパートシステムの限界）、意味ネットワーク、オントロジー、概念間の関係（is-aとpart-ofの関係）、オントロジーの構築、ワトソン、東ロボくん

機械学習・深層学習

データの増加と機械学習、機械学習と統計的自然言語処理、ニューラルネットワーク、ディープラーニング

人工知能分野の問題

人工知能分野の問題

トイ・プロブレム、フレーム問題、チューリングテスト、強いAIと弱いAI、シンボルグラウンディング問題、身体性、知識獲得のボトルネック、特徴量設計、シンギュラリティ

機械学習の具体的手法

教師あり学習

線形回帰、ロジスティック回帰、ランダムフォレスト、ブースティング、サポートベクターマシン（SVM）、ニューラルネットワーク、自己回帰モデル（AR）

教師なし学習

k-means 法、ウォード法、主成分分析（PCA）、協調フィルタリング、トピックモデル

強化学習

バンディットアルゴリズム、マルコフ決定過程モデル、価値関数、方策勾配

モデルの評価

正解率・適合率・再現率・F値、ROC曲線とAUC、モデルの解釈、モデルの選択と情報量

ディープラーニングの概要

ニューラルネットワークとディープラーニング

単純パーセプトロン、多層パーセプトロン、ディープラーニングとは、勾配消失問題、信用割当問題

ディープラーニングのアプローチ

事前学習、オートエンコーダ、積層オートエンコーダ、ファインチューニング、深層信念ネットワーク

ディープラーニングを実現するには

CPUとGPU、GPGPU、ディープラーニングのデータ量

活性化関数

tanh関数、ReLU関数、シグモイド関数、ソフトマックス関数

学習の最適化

勾配降下法、勾配降下法の問題と改善

更なるテクニック

ドロップアウト、早期終了、データの正規化・重みの初期化、バッチ正規化

ディープラーニングの手法

畳み込みニューラルネットワーク（CNN）

CNNの基本形、畳み込み層、プーリング層、全結合層、データ拡張、CNNの発展形、転移学習とファインチューニング

深層生成モデル

生成モデルの考え方、変分オートエンコーダ（VAE）、敵対的生成ネットワーク（GAN）

画像認識分野

物体識別タスク、物体検出タスク、セグメンテーションタスク、姿勢推定タスク、マルチタスク学習

音声処理と自然言語処理分野

データの扱い方、リカレントニューラルネットワーク（RNN）、Transformer、自然言語処理におけるPre-trained Models

深層強化学習分野

深層強化学習の基本的な手法と発展、深層強化学習とゲームAI、実システム制御への応用

モデルの解釈性とその対応

ディープラーニングのモデルの解釈性問題、Grad-CAM

モデルの軽量化

エッジAI、モデル圧縮の手法

ディープラーニングの社会実装に向けて

AIと社会

AIのビジネス活用と法・倫理

AIプロジェクトの進め方

AIプロジェクト進行の全体像、AIプロジェクトの進め方、AIを運営すべきかの検討、AIを運用した場合のプロセスの再設計、AIシステムの提供方法、開発計画の策定、プロジェクト体制の構築

データの収集
データの収集方法および利用条件の確認、法令に基づくデータ利用条件、学習可能なデータの収集、データセットの偏りによる注意、外部の役割と責任を明確にした連携
データの加工・分析・学習
データの加工、プライバシーの配慮、開発・学習環境の準備、アルゴリズムの設計・調整、アセスメントによる次フェーズ以降の実施の可否検討
実装・運用・評価
本番環境での実装・運用、成果物を知的財産として守る、利用者・データ保持者の保護、悪用へのセキュリティ対策、予期しない振る舞いへの対処、インセンティブの設計と多様な人の巻き込み
クライシス・マネジメント
体制の整備、有事への対応、社会と対話・対応のアピール、指針の作成と議論の継続、プロジェクトの計画への反映
数理・統計
数理・統計
統計検定3級程度の基礎的な知識

　ここに掲載している情報は、2023年2月現在のものです。

　詳細シラバス、最新の情報はJDLA公式サイト（https://www.jdla.org）で確認してください。

第1章

導入

1-1 全体像と導入

本書で学ぶ全体像の提示と導入を行います。また、本書を利用するにあたっての注意点を述べます。

1 本書を読むにあたって

(1) 知識前提

　本書は、日本ディープラーニング協会が行うG検定の法律・倫理分野の対策のための本です。その意味で、AIやディープラーニングを扱うにあたって必要な法律や社会的課題を解説するもので、G検定を超えて、AIと法律・倫理を学びたい方全員のための役に立つ本であることも目指しています。

　AIの法律・倫理を理解するにあたっては、AI技術やAI開発に関する実務的取り扱いに関する知識が不可欠です。本書ではページ数の制約から、これはすべてカットし、公式テキスト等の他のG検定のためのテキストにゆだねることとしました。よって、読者の皆様は、本書を読む前に必ず公式テキスト等で技術の知識を身に付けていただければと思います。

(2) 過去問題

　日本ディープラーニング協会のご協力で、本書では実際に使われた過去問題を掲載しています。ただし、分野によっては問題数が少ないことや、そもそも問題が存在しないこともあります。このような場合には、筆者らでオリジナル問題を作成し、その旨を示した上で演習問題として掲載しています。

　各節の最後に問題、解答と解説を掲載しています。G検定でよく聞かれる分野や重要な分野ほど過去問題を多く掲載するようにしていますが、掲載している問題数がG検定で出題される率をそのまま反映しているわけではありません。本文をしっかりと読み込んでから問題演習に挑むと、容易に解くことができることに気付くでしょう。

2 **全体像と導入**

　本書は第2章の「法律」パートと第3章の「AI倫理」パートに分かれます。どちらから勉強しても構いません。AIに関連する法律も非常に多数存在しますが、本書ではAI企業での法務経験を有する弁護士たちが重要であると考えた法律でG検定に出やすい法律を扱っています。「法律」パートについては、全体像を法律パートのはじめに設けましたので、参照してください。

▼「法律」のパート

AIと法律の全体像	2-1 ～ 2-2	不正競争防止法	2-12 ～ 2-14
著作権法	2-3 ～ 2-7	個人情報保護法	2-15 ～ 2-20
特許法	2-8 ～ 2-10	独占禁止法	2-21
データ利活用	2-11	契約	2-22 ～ 2-25

　第3章の「AI倫理」パートでは、AI倫理の意味やガイドライン等のルールの状況を説明した後、AI倫理上重視される価値ごとに順に説明しています。また、最後には、AI倫理に対応するための手段について解説しています。

▼「AI倫理」のパート

AI倫理とAIガバナンスの概要	3-1	透明性	3-7
国内外の諸ルール	3-2	民主主義	3-8
プライバシー	3-3	環境保護	3-9
公平性	3-4	仕事	3-10
安全性とセキュリティ	3-5	その他の価値	3-11
悪用	3-6	AIガバナンス	3-12

3 **注意**

　AIに関する法律や倫理は頻繁に改正や新ルールの制定等がなされる分野です。本書は、基本的に2022年7月時点での状況に基づいて記載されています。その後の法改正等は対応していませんので、ご注意ください。

4 ｜ 法律・倫理の必要性

　AIに関する法律・倫理を学ぶ必要性について言及しておきます。

　AIの役に立たないAIの法律や倫理をなぜ学ぶ必要があるのかという疑問を持っておられる方がいるかもしれませんが、その考えは誤りです。AIに関するビジネスを行ったり、AI開発を行うにはある程度の法律と倫理に関する知識が必要です。ビジネスを行ったり、AI開発に当たって、法律や倫理を守る必要があることや守らなければどうなるかということは、いうまでもないでしょう（なお、倫理については3-1で説明しています）。

　本書で扱っている法律と倫理については、比較的基礎的事項です。もちろん、法律については弁護士や法務部など専門のチーム等があり、そちらに相談すべきですが、技術者や経営者であっても最低限の知識が必要で、これがないと何を弁護士等に相談したらよいのか見当もつかず、結局、違法なビジネスや開発を行うことになります。

　また、倫理については、社内にAI倫理の知見のある人物がいること自体が少なく、ビジネスや開発中のAIに潜むAI倫理上の課題に気づくことができません。このため、AI倫理に関する知見を持つ企業やコンサルタントに相談することすらできないことがあります。仮に、これらの企業やコンサルタントに相談したとしても、事実確認のための質問に適切に回答できず、方向違いのアドバイスしかもらえないということにもなりかねません。

　このような法律・倫理を勉強する意味を踏まえて、本書を活用いただければと思います。

AIに関する法律と契約

2-1　AIと法律の全体像-1　総論

ここでは、AIの利活用時に重要となる法的な知識の全体像について概説します。

1　AIの利活用と法律

　AIの利活用にあたって、知っておくべき法的知識は何でしょうか。

　第一に、法的な権利について理解する必要があります。

　たとえば、AIを開発する場合に他人が開発したモデルのソースコードを無断で使うと、著作権を侵害してしまう場合があります。

　また、他人が発明した技術を用いてAIを開発する場合には、他人の特許権を侵害しないように注意しなければなりません。

　さらに、ユーザーがベンダーに開発を委託する場合には、ユーザーは開発したAIのモデルを自社が使えるように、開発したAIのモデルに関する権利を確保する必要があります。特に、AIの利活用の場面では、学習用データセット、モデルのソースコード、学習済みパラメータ等、さまざまなデータやプログラム等が生成されるため、それぞれにどのような権利が発生するのかを理解することが重要です。

　第二に、法的な規制にも注意する必要があります。

　AIの開発には学習用のデータが不可欠ですが、データの中には、個人の医療データや顔画像など、個人情報を含んでいるものも多くあります。その場合、個人情報を含むデータを利用する場合には、個人情報保護法を遵守する必要があります。

　また、AIの開発に必要なデータを囲い込んで他者が利用できないようにする場合などには、独占禁止法に抵触する可能性があることに注意が必要です。

　さらに、たとえば、AIで契約書審査をするサービスが弁護士法との関係で問題となり得るように、個々のAIの分野ごとに法規制がなされる可能性があります[1]。

1　分野ごとの規制は、問題となるAIごとに異なるため本書では詳しくは取り上げない。

2

全体像

　第三に、**契約に関する理解**が必要です。

　契約については、他社にAIの開発を委託する場面や他社が開発したAIを利用する場面で特に問題となります。AI開発の委託時には、開発によって生じた権利の帰属、問題が起こった場合の責任などを定める必要がありますし、他社が開発したAIを利用する際には、どのような条件で利用できるのかを定める必要があります。

　以上のように、AIの利活用にあたって特に知っておくべき法的知識は、①権利、②規制、③契約の3つに大別することができます。

　以下、それぞれかんたんに解説します。

2 権利

　法的な「権利」の中で一番身近なものとしては所有権を挙げることができますが、AIの利活用の場面では、所有権はあまり問題になりません。なぜなら、**所有権は物（有体物）に生じるもの**であり、AIのモデルやデータなどは、有形的な存在ではない「**無体物**」だからです。そこで、AIのモデルやデータについては、所有権ではなく、**著作権や特許権**といった**知的財産権**が特に重要になります。

　たとえば、あるエンジニアが自分のパソコンを使ってAIのモデルを開発し、開発したAIのソースコードやパラメータを自分のパソコンに保存したとします。この場合、パソコンは有体物ですので所有権の対象になりますが、ソースコードは無体物であり所有権は発生しません。したがって、たとえば、何らかの理由でパソコンに保存したソースコードが流出してしまった場合、流出したソースコードを利用しても所有権を侵害したことにはならず、知的財産権（ここでは著作権）の侵害が問題になるのです。

　本書では、権利の総論を2-1、2-2、著作権を2-3 〜 2-7、特許権を2-8 〜 2-10で解説します。

3 規制

(1) 個人情報保護法

　AIの学習にはデータが必要になりますが、学習のためのデータの中に個人情報が含まれていることも多々あります。与信審査や履歴書の審査など人物に関するさまざまな情報をAIで解析する場合の他、顔認識などの画像解析において人物が写り込む場合なども個人情報を利用することになります。このような場合には、個人情報保護法を遵守してデータを利用する必要があります。

　個人情報保護法では、いくつかの情報のカテゴリが定められており、カテゴリごとに異なる義務が課されています。最も基本的なカテゴリは、「**個人情報**」「**個人データ**」「**保有個人データ**」の3つで、情報の取得時、利用・管理時、第三者提供時にそれぞれ義務が課されています。

　また、個人情報の中でも人種や病歴などの情報は特に配慮が必要であると考えられており、「**要配慮個人情報**」として特に厳格な規制が設けられています。

　個人情報を含むデータをAIの学習等に用いる場合には、個人の氏名を削除するなどの加工を行うこともあります。このように、個人情報を含むデータを加工する場合については、「**仮名加工情報**」「**匿名加工情報**」という2つのカテゴリが設けられており、加工の程度や加工した場合に課せられる義務が定められています。

　クッキー（Cookie）情報など、単体では個人を識別できないような情報でも、自社以外の第三者に提供すると、他の情報と組み合わせて個人が識別可能になるような場合があります。そこで、「**個人関連情報**」という情報カテゴリが設けられ、個人関連情報を第三者に提供する場合に一定の義務が課せられています。

　このように、個人情報保護法にはさまざまな情報カテゴリがあるため、各カテゴリの定義と課せられる義務の内容を抑えておく必要があります。個人情報保護法については、2-15 ～ 2-20で解説します。

(2) 独占禁止法

　複数の企業が連絡を取り合い、本来、各企業がそれぞれ決めるべき商品の価格や生産数量などを共同で取り決める行為は、「**カルテル**」と呼ばれ独禁法により規制されています。

　市場の需要等を予測し、AIが商品の価格や生産数量を決定するようなモデルを開発した場合、複数の企業が同一のAIモデルを利用すると、AIを手段としてカルテルと同様の問題が起こることがあり得ます。このような事態は「デジタル・カルテル」と呼ばれ、規制の議論がなされています。AIに関連する独占禁止法の問題については、2-21で解説します。

4 契約

(1) AIの利活用と契約

　AIの利活用の場面で契約が問題となる典型例は、AIの開発をベンダーに委託するケースです。AIには、開発するモデルの性能がデータに依存すること、AIの判断過程が必ずしも明らかではないことなどの特殊性があるため、このような特殊性をふまえた上で、ユーザーとベンダーの責任や成果物を適切に規定する必要があります。また、開発するAIの権利関係も定めておく必要があります。

　その他にも、AIを組み込んだSaaS等のサービスを利用するケースでも契約が問題となります。このようなケースでは、サービスを提供する事業者が有するAIのモデルの利用許諾を受けることになるため、許諾の条件等を適切に定める必要があります(契約条件が「契約書」ではなく「利用規約」として提供されることもありますが、いずれにせよ契約前に条件の精査が必要になります)。

　また、AIを自社で開発する場合にも、契約が問題になることがあります。たとえば、開発時にオープンソースソフトウェア(OSS)を利用する場合には、多くのOSSには利用条件が定められているため、利用にあたって利用条件を確認した上で、これに同意して利用する必要があります。この利用条件への同意は、法的には契約の締結と評価されます。

　以上のように、AIの利活用にあたっては、さまざまな場面で契約が問題となります。契約については、2-22 ～ 2-23でAI開発委託契約、2-24で秘密保持契約(NDA)、2-25でAIサービス提供契約について解説します。

2-2 AIと法律の全体像-2　知的財産権

ここでは、AIの利活用時に問題になり得る知的財産権について解説します。

1 知的財産権とは何か

(1) 知的財産権とは

「知的財産」とは、「発明、考案、植物の新品種、意匠、著作物その他の人間の創造的活動により生み出されるもの（発見又は解明がされた自然の法則又は現象であって、産業上の利用可能性があるものを含む。）、商標、商号その他事業活動に用いられる商品又は役務を表示するもの及び営業秘密その他の事業活動に有用な技術上又は営業上の情報」をいうとされています（知的財産基本法2条1項）。知的財産権とは、このような知的財産について発生する、特許権、著作権、実用新案権、商標権、意匠権といった権利を総称したものです。

AIとの関係で特に重要なのは著作権と特許権ですが、本節では、特許権・著作権の他に、知的財産権のうち代表的な権利である実用新案権・意匠権・商標権についてもかんたんに解説します（なお、著作権については2-3 〜 2-7、特許権については2-8 〜 2-10において詳しく解説しています）。

(2) 特許権・実用新案権・意匠権・商標権

特許権、実用新案権、意匠権及び商標権の4つを「産業財産権」といいます。産業財産権制度は、新しい技術、新しいデザイン、ネーミングなどについて独占権を与え、模倣防止のために保護し、研究開発へのインセンティブを付与したり、取引上の信用を維持することによって、産業の発達を図ることを目的にしています。

これらの権利は、特許庁に出願し、登録することによって、一定期間、独占的に実施（使用）することができます[1]。これらの権利は、それぞれ以下のものを保護しています。

- ・ 特許権　　　：物、方法、製造方法の発明を保護
- ・ 実用新案権：物品の構造、形状に係る考案を保護

---

1 特許庁「知的財産権制度入門」（2019年）10頁参照。

- 意匠権　　：物品のデザインを保護
- 商標権　　：商品やサービスに使用するマーク（文字、図形等）を保護

洗濯機を例にとると、これらの権利はそれぞれ図のような役割を果たします。

▼産業財産権（洗濯機の例）

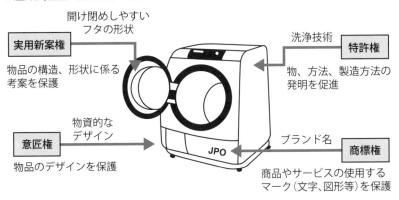

出典：特許庁「知的財産権制度入門」（2022年）11頁を参考に作成

　この中で、AIとの関係で特に重要なのは**特許権**です。たとえば、多くのAIのモデルに用いられているバッチノーマライゼーションの技術に関しては、「バッチ正規化レイヤ」という名称でGoogle LLCが特許を取得しているなど、AIの開発に重要な技術が特許として登録されていることがあります。

　日本でも、AIに関連する発明の特許出願の件数は2014年以降毎年増加しており、2020年には約5700件の出願がなされています[2]。

　特許権として登録が認められるためには、主に以下のような要件を満たすことが求められます[3]。

・発明であること

　具体的には、**自然法則を利用している**こと、**技術的思想である**こと、**創作である**こと、**高度のものである**ことが必要です。たとえば、数学上の公式やゲー

2　特許庁「AI関連発明の出願状況調査 報告書」（2022年10月）4頁。

3　特許庁「知的財産権制度入門」（2019年）13頁以降参照。

ムのルールは自然法則を利用していないので発明に該当しません。また、機械の操作方法についてのマニュアルなどは、単なる情報の提示であり技術的思想に該当しません。加えて、天然物の単なる発見などは、創作ではないので発明に該当しません。

・産業上利用することができるものであること

　ただ単に学術的・実験的にしか利用することができない発明は特許権によっては保護されません。

・新しいものであること（新規性）

　特許を受けることができる「発明」は、今までにない「新しいもの」である必要があります。そのため、特許出願をする前に対外的に公表してしまったものなどは、新規性を満たさず特許権による保護は及びません。

・容易に思いつくものではないこと（進歩性）

　既に知られている発明を少し改良しただけの発明のように、誰でも容易にできる発明については、特許を受けることができません。

　特許制度は、以上のような一定の要件を満たした発明を保護することにより、技術の進歩を促進し、産業の発達に寄与することを目的とした制度なのです。

(3) 著作権

　著作権とは、著作物を保護する権利です。著作物とは、「思想又は感情を創作的に表現したものであつて、文芸、学術、美術又は音楽の範囲に属するもの」（著作権法2条1項1号）をいいます。具体的には、小説や論文などの文章や、絵画、写真などが著作物に該当し得ます。また、ソースコードも著作物に該当し得ます。これまでに見た特許権等の権利とは異なり、出願や登録がなくても、創作がなされると当然に権利が発生します。

　著作権は、「権利の束」であるといわれることがあります。これは、著作権の中には、著作物を複製する権利である複製権、著作物に依拠しつつ表現を変更する翻案権など、さまざまな権利が含まれているからです。これにより開発したAIのモデルのソースコードに著作権が生じる場合、著作権者でない第三者は、著作権者から許諾を得ない限り、当該ソースコードを複製したり、内容を変更したりすることは原則としてできないことになります。

2 その他の知的財産に関する保護（不正競争防止法）

　以上の知的財産権は、発明や創作等を行った者が「権利」を持つという形で知的財産権を保護していました。これに対し、知的財産等を保護するために情報の不正使用等を禁止する規定として、**不正競争防止法の営業秘密と限定提供データの規制**があります。

(1) 営業秘密

　不正競争防止法上、営業秘密とは「**秘密として管理されている生産方法、販売方法その他の事業活動に有用な技術上又は営業上の情報であって、公然と知られていないもの**」と定義されています（不正競争防止法2条6項）。

　営業秘密に該当するものについては、権原のない者による取得、使用、開示が禁止される他、権原のある者による図利加害目的での使用・開示等も禁止されます（詳細は2-12で解説しますので、ここでは、「営業秘密に該当する情報については、一定の場合に取得・使用・開示等が禁止される」というイメージを持っていただければ十分です）。

　これらの規定に違反した場合、損害賠償や差止めの請求といった民事上の請求が認められる他、一定の場合には刑事責任が課されることがあります。

　ただし、上述の通り、営業秘密として保護されるには秘密として管理されていることが必要ですので、その情報が会社にとって秘密としたい情報であることが分かる程度に、**アクセス制限や「マル秘」表示といった秘密管理措置**がなされている必要があります。

(2) 限定提供データ

　限定提供データとは、「**業として特定の者に提供する情報として電磁的方法…により相当量蓄積され、及び管理されている技術上又は営業上の情報（秘密として管理されているものを除く。）**」とされています（不正競争防止法2条7項）。

　営業秘密に該当するためには秘密管理措置が必要でしたが、限定提供データには営業秘密に要求されているほどの措置は要求されておらず、**限定提供データによる保護は、営業秘密よりも広い範囲の情報の保護が可能になり得ます。**

　限定提供データについても、一定の場合に取得・使用・開示等が禁止されます。禁止に違反した場合には、損害賠償や差止めの請求といった民事上の請求が認められますが、営業秘密と異なり刑事責任は課されていません。

2-3 著作権法-1　AIと著作権法の全体像

AIの分野では、著作権はさまざまな場面で問題になります。ここでは、AIに関する著作権の問題を概観します。

1 はじめに

著作権とは、著作物を保護する権利です。著作物とは、「思想又は感情を創作的に表現したものであつて、文芸、学術、美術又は音楽の範囲に属するもの」（著作権法2条1項1号）をいいます。特許権・商標権などと併せて知的財産権と総称されます。特許権が発明を保護するのに対し、著作権は創作を保護するための権利です。また、特許権とは異なり、出願などなくても、創作がなされると当然に権利が発生します。

2 AIと著作権

本書では、著作権について2-4でかんたんに解説した後、主に3つの問題について解説します。

1つ目は、AIのモデルと著作権の問題です。

つまり、「開発したAIのモデルのどの部分に著作権が発生するのか」、「著作権が発生するとどうなるのか」といった問題です。

これは、特にAIの開発を第三者に委託する際に、「委託者（ユーザー）と受託者（ベンダー）との間で、モデルの権利をどちらに帰属させるのか」という問題として現れます。この問題は、AIの開発の場面では頻出の問題ですが、何が問題かを理解できず、ユーザー・ベンダー間の議論がかみ合っていないことも多く見られますので、しっかり理解する必要があります。2-5で解説します。

2つ目は、AIの学習に用いるデータの著作権の問題です。

人が撮った写真や人が書いた文章を学習用データとして用いる場合、これらのデータには著作権が生じていることがあります。そうすると、「他人の著作物を学習に用いて良いのか」ということが問題になります。

日本の著作権法は、この点ではAIの開発者に非常に優しく、広く学習に使えるようになっています。この点を2-6で解説します。

3つ目は、AIが生成した生成物と著作権の問題です。

GAN（Generative Adversarial Networks：敵対的生成ネットワーク）など
の技術の発展により、AIが、画像や文章などの分野で高度な生成物を生成でき
るようになってきています。

この場合、「AIが生成した物に著作権が発生するのか」という問題や、「AIが
生成した物が他人の著作物に類似していた場合に著作権侵害にならないのか」
という問題について、議論の状況を2-7で解説します。

著
作
権
法

2-4 著作権法-2 著作権の基本

ここでは、著作権の権利の内容について、かんたんに解説します。

1 著作権は何に生じるのか

　著作権は、著作物と呼ばれるものに発生する権利です。著作物とは、「思想又は感情を創作的に表現したものであつて、文芸、学術、美術又は音楽の範囲に属するもの」であるとされています（著作権法2条1項1号）。

　ポイントは、「思想又は感情を創作的に表現した」という部分です。

　「創作的」というと、芸術性の高いようなものを想像するかもしれませんが、そうではなく、作者の個性が表れていれば創作性が認められ得ることになります。他方で、客観的な事実やデータそれ自体には創作性はなく、著作物とは認められません。したがって、たとえば、ニュース記事で伝えられる事実には創作性はありませんが、ニュース記事自体には、表現に記者の個性が表れているので創作性が認められます。

　また、数式や化学式は、誰が書いても同じようなものになるので創作性はありませんが、数式や化学式を解説した書籍には創作性が認められます。

　AIとの関係でいうと、AIのアルゴリズムには創作性がありませんが、それをプログラミング言語で表現したソースコードには創作性が認められ得ることになります。

　著作権法では、著作物の例として、以下のものを例示しています（著作権法10条1項）。

①小説、脚本、論文、講演その他の言語の著作物
②音楽の著作物
③舞踊又は無言劇の著作物
④絵画、版画、彫刻その他の美術の著作物
⑤建築の著作物
⑥地図又は学術的な性質を有する図面、図表、模型その他の図形の著作物

⑦映画の著作物
⑧写真の著作物
⑨プログラムの著作物

　また、上述の通りデータそのものには創作性がなく著作権は発生しませんが、データの集合物であるデータベースについては、**情報の選択や体系的な構成によって創作性が認められるものには著作権が発生し得ます**（著作権法12条の2）。この点は、AIの学習に用いるデータセットとの関係で少し重要ですので、後でもう少し詳しく解説します。

2 著作権とはどのような権利か

(1) 著作権の概要

　著作権は、権利の束であるといわれることがあります。これは、著作権はさまざまな権利の集合体のような権利だからです。具体的には、①**財産権としての著作権**と②**著作者人格権**からなり、それぞれの権利の中には以下のような権利が含まれます。多くの権利を挙げていますが、AIとの関係では、ソースコードに著作権が生じた場合を念頭において、複製権、譲渡権、貸与権、翻案権といったところをイメージしておけば良いでしょう。

①財産権としての著作権

複製権	著作物を複製する権利。
上演権・演奏権	公衆に直接見せたり聞かせたりすることを目的として上演・演奏する権利。
上映権	公衆が視聴できるようにスクリーンなどに映し出す権利。
公衆送信権	公衆に向けて無線や有線放送、インターネットで送信する権利。
公の伝達権	公衆送信された著作物をテレビなどの受信装置を使って公衆に視聴させる権利。
口述権	言語の著作物を公に朗読、読み聞かせなどする権利。

著作権法

展示権	美術や未発表写真のオリジナルを展示して公に見せる権利。
譲渡権	著作物やその複製を一般に販売・頒布する権利。
貸与権	レンタルビジネスなどで著作物を貸す権利。
頒布権	映画の著作物を複製物により頒布する権利。
翻訳権・翻案権等	既存の著作物に新たな創作性を付加するような行為をいう。要は、既存の著作物の内容を変更するなどの修正を加える場合に翻案などに該当し得る。

②著作者人格権

公表権	著作物を公表するかどうかを決定する権利。
氏名表示権	著作物を公表する時に、著作者名を表示するかしないか、本名とするかペンネームとするかなどを決定する権利。
同一性保持権	著作物の内容や題名を意に反して改変されない権利。
名誉声望保持権	著作者の名誉や声望を害する方法で著作物を利用する場合に、著作者人格権を侵害する行為とみなされる。

　以上が著作権の権利の概要です。このような著作権は、著作物を創作した人に帰属します。

(2) 財産権としての著作権

　財産権としての著作権は、上述の通り、複製権、上演権などの多数の権利からなります。

　たとえば、ユーザーがAIの開発をベンダーに委託した場合、開発されたAIのモデルに含まれるソースコードの著作権は、まずはコーディングをしたベンダーに帰属します。したがって、そのままではユーザーは複製して利用したり、必要に応じてコードを修正したりといったことができません。そこで、著作権を譲渡してもらうか、著作権者であるベンダーから著作物のライセンスを付与してもらう必要があります。こういった合意をするのが開発契約やライセンス契約等の契約です(開発契約等の契約については、2-22と2-23で詳しく解説します)。

(3) 著作者人格権

　著作者人格権とは、著作者が精神的に傷つけられないよう保護する権利のことをいいます。「人格権」という名称のとおり、「財産権」ではなく、著作者の人

格や名誉等を保護するものなのです。著作者人格権は、AIの開発の場面では問題になることは多くありません。ただし、財産権としての著作権との対比で重要な点として、「著作者人格権は第三者に譲渡できない、著作者固有の権利である」ということを挙げることができます。AIの開発場面では、開発したAIの著作権を契約により移転させることがありますが、その場合であってもユーザーは著作者人格権は譲り受けることができません。そこで、（実際にはあまり想定されないのですが）著作者に著作者人格権を行使されることを避けるため、「ベンダーは著作者人格権を行使しない」という権利不行使の合意をしておくことがあります。

3 著作権の例外規定

ここまで見てきたように、著作権は創作性のある著作物に生じ、創作を行った者に帰属し、複製や翻案などを行うことができる権利です。

他方、著作権者でないと複製などが一切できないということになると、たとえば、私的に本をコピーする場合や、書籍の記載を論文に引用する場合などもすべて著作権侵害になることになってしまい、不都合が生じます。そこで、著作権法では、上記の著作権で保護される範囲の行為について、例外的に著作権侵害にあたらない例外規定を置いています。

例外規定には、個人で私的に使用する私的使用のための複製や、自分の著作物に他人の著作物の一部を引いて引用する場合など、いくつかの例外が定められています。AIとの関係で非常に重要なのは、著作物に表現された思想又は感情の享受を目的としない利用の場合（著作権法30条の4）です。これは、ある文章を人間が読んで楽しむためではなく、「コンピューターを使った情報解析のために利用するような場合には、複製等の一定の行為が許される」という規定です。この規定は、AIの学習用データセットに他人の著作物が入ってしまうような場合に非常に有用です。この点については、後ほど詳しく解説します。

4 職務著作

ここまでは著作権の権利の内容について解説をしてきましたが、次に著作権の帰属についてかんたんに説明します。

著作権は著作者に帰属し、著作者とは、「著作物を創作する者」と定義されて

います（著作権法2条1項2号）。プライベートで写真を撮った場合の写真やコーディングをしたソースコードの著作権が、実際にそれを行った個人に帰属することは容易に理解できるでしょう。

　では、従業員が業務上行った著作についての著作権は、個人と法人のどちらに帰属するでしょうか。この点について、著作権法では、**職務著作**という規定を置いています。

　法人その他使用者の発意に基づいていること、職務上作成したものであること、法人等が自己の名義のもとに公表するものであること、といった条件を満たした場合には、別途契約や就業規則で定めない限り、法人等が著作者となり、著作権の権利が法人等に帰属します（著作権法15条1項）。

　さらに、プログラムの著作物については、通常は対外的に公表することが予定されていないので、「法人等が自己の名義のもとに公表するものであること」という要件は不要とされています。したがって、法人その他使用者の発意に基づいていること、職務上作成したものであること、といった条件を満たした場合には、別途契約や就業規則で定めない限り、法人等に著作権が帰属します（著作権法15条2項）。

　いずれにせよ、従業員であるエンジニアが会社の指示に基づいてAIを開発した場合には、ソースコードに関する著作権は、通常は会社に帰属することになります。これに対し、フリーランスのエンジニアが業務の委託を受けてAIを開発した場合には、通常は職務著作に該当せず、エンジニア個人に著作権が帰属することが多いでしょう。このような場合、自社に著作権を帰属させたい場合には、契約によって著作権が自社に移転することを定めておく必要があることに注意が必要です。

　著作権ではなく特許権の場合には、職務上行った発明（職務発明）であっても、原則として、実際に発明した個人が発明者となります。この点は2-10で解説しますが、混同しないように注意が必要です。

2-5 著作権法-3　AIのモデルと著作権

ここでは、AIのモデルを開発する際に、具体的にどの部分に著作権が発生するのかを解説します。

1 AI開発に必要なもの、生成されるもの

　AIを開発する際には、以下のデータやプログラムなどが利用・開発されます［用語は「AI・データの利用に関する契約ガイドライン（AI編）」13頁以降を参照］。

▼AI開発で利用・開発されるデータやプログラム

生データ	ユーザーやベンダー、その他の事業者や研究機関等により一次的に取得されたデータであって、データベースに読み込むことができるよう変換・加工処理されたもの。
学習用データセット	生データに対して、欠測値や外れ値の除去等の前処理や、ラベル情報（正解データ）等の別個のデータの付加等、あるいはこれらを組み合わせて、変換・加工処理を施すことによって、対象とする学習の手法による解析を容易にするために生成された二次的な加工データ。
学習用プログラム	学習用データセットの中から一定の規則を見出し、その規則を表現するモデルを生成するためのアルゴリズムを実行するプログラム。
学習済みパラメータ	学習用データセットを用いた学習の結果、得られたパラメータ（係数）。
推論プログラム	組み込まれた学習済みパラメータを適用することで、入力に対して一定の結果を出力することを可能にするプログラム。
学習済みモデル	学習済みパラメータが組み込まれた推論プログラム。
AI生成物	学習済みモデルに入力データを入力することで、出力されたデータ。学習済みモデルの利用目的にあわせて、音声、画像、動画、文字、数値等さまざまな形態のものがある。
ノウハウ	多義的な言葉だが、AI開発においては、AI技術の研究・開発・利用過程において、ベンダー又はユーザーが有する知見、技術、情報といったものにノウハウがあることが多い。

▼学習段階・利用段階の流れ

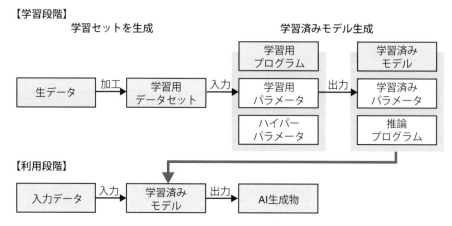

出典：経済産業省「AI・データの利用に関する契約ガイドライン（AI編）」（平成30年6月）12頁
　　　より引用。

2　AI開発と著作権

　では、これらのもののうち、著作権が発生するのは何でしょうか。

■**生データ：△（発生する場合がある）**

　どのようなAIを開発するかによって、さまざまな種類の生データが利用されます。そのうち、たとえば、翻訳のためのAIを開発する場合に誰かが書いた文章を生データとして利用する場合や、物体認識のAIを開発する場合に誰かが撮影した写真を生データとして利用する場合には、これらのデータには創作性が認められ、著作権が生じていることがあります。

　他方、検品のためのAIを開発する場合に、機械的に撮影した商品の画像を生データとして用いる場合には、機械的な撮影であり創作性が認められないのが通常であり、著作権は発生していないことが多いでしょう。また、株価を予想するAIを開発する場合の株価のデータなどは、単なる事実であって創作性がないため、基本的に著作権は認められません。

■**学習用データセット：△（発生する場合がある）**

　まず、生データに著作権が発生している場合には、当該著作権は、生データを加工して作成した学習用データセットにも及びます。

では、学習用データセットそのものには著作権は認められるのでしょうか。著作権法では、一定のデータベースに著作権を認めています。著作権法上、データベースとは「論文、数値、図形その他の情報の集合物であって、それらの情報を電子計算機を用いて検索することができるように体系的に構成したもの」を意味します（著作権法2条1項10の3）。

著作権法上、データベースが「情報の選択又は体系的な構成によって創作性を有するもの」である場合には、著作権法の保護を受けます（著作権法12条の2）。つまり、たとえば、生データが機械的に撮影された写真や単純なデータなどの著作権が発生しないものであっても、学習用データセットを作成する際に、「情報の選択又は体系的な構成によって創作性を有する」場合には、データベースそれ自体が著作物として保護されることになります。どのような場合に「情報の選択又は体系的な構成によって創作性を有する」のかは、現時点で確定的な見解はなく、個別の事案ごとに判断するしかないのが実情ですが、まずは『学習用データセット自体にも「データベース」として著作権が発生する可能性がある』ということを理解しておきましょう。

■学習用プログラム、推論プログラム：ソースコードは〇（発生する）、パラメータは×（発生しない）

学習用プログラム、推論プログラムのうち、ソースコード部分には、基本的に創作性が認められ、著作権が発生します。

他方、学習済みパラメータについては、単なる数値であり、通常は創作性は認められず、著作権は発生しません。学習済みパラメータは、自社の大事なデータから生じたもので、保護する必要性が高いと感じることも多いでしょうが、著作権による保護は及ばないことになります。そのため、契約によって保護する必要性が高いといえるでしょう。

■AI生成物：原則×（発生しない）

AI生成物については、2-7で詳しく解説するので、ここでは割愛します。

■ノウハウ：×（発生しない）

ノウハウについては、それ自体は創作性が認められないのが通常なので、通常は著作権は発生しません。なお、発明として特許になるようなものであれば、別途特許法上の保護が及ぶ可能性はあります。

2-6 著作権法-4　著作物とAIの学習

たとえば、翻訳AIを開発する場合に学習のために利用する文章のデータは、誰かが著作権を有している可能性があります。他人の著作物をAIの学習に使うことは可能でしょうか。

1 著作権の保護が及ぶということ

2-3で解説した通り、著作物には、複製権や翻案権などが認められるため、著作権者に無断でコピーや編集をしてはならないのが原則です。

他方、他人が書いた文章や、クローリング・スクレイピングにより取得した不特定多数人が撮影した写真を学習に使おうとする場合には、データに著作権が生じている可能性があります。そして、生データを学習用データセットに加工する過程では、データのコピーや修正が不可欠です。そうすると、学習用データセットを作成することは、データの著作権を侵害してしまうのでしょうか。答えはNoです。著作権法は、著作権に抵触してしまうような行為でも、一定の範囲で例外的に許されることを定めており、学習用データセットを作成して学習させる行為は、例外的に許される場合があります。

2 思想又は感情の享受を目的としない利用

日本の著作権法では、世界的に見ても珍しい例外規定があり、これにより、他人の著作物をAI開発のために広く用いることが可能になっています。まずは、著作権法30条の4という規定を見てみましょう。

> 著作物は、次に掲げる場合その他の当該著作物に表現された思想又は感情を自ら享受し又は他人に享受させることを目的としない場合には、その必要と認められる限度において、いずれの方法によるかを問わず、利用することができる。ただし、当該著作物の種類及び用途並びに当該利用の態様に照らし著作権者の利益を不当に害することとなる場合は、この限りでない。　（中略）
> 二　情報解析（多数の著作物その他の大量の情報から、当該情報を構成する言語、音、影像その他の要素に係る情報を抽出し、比較、分類その他の解析を行うことをいう。（中略））の用に供する場合　（以下略）

2

著作権法

大雑把にいうと、情報解析のように、「著作物に表現された思想又は感情を自ら享受し又は他人に享受させることを目的としない場合には、必要な限度で、いずれの方法によるかを問わず、他人の著作物を利用できる」という規定です。

以下、この規定のポイントとなる「情報解析」「いずれの方法によるかを問わず」という部分について、もう少し詳しく解説します。

(1) 情報解析

情報解析とは、「多数の著作物その他の大量の情報から、当該情報を構成する言語、音、影像その他の要素に係る情報を抽出し、比較、分類その他の解析を行うこと」であるとされています。モデルの学習は、まさにこれに該当し得るといえるでしょう。したがって、モデルの学習のために他人の著作物を用いて学習用データセットを作成する、といったことが認められ得るのです。

(2)「いずれの方法によるかを問わず」

情報解析の用に供する場合には、「いずれの方法によるかを問わず」著作物が利用可能とされています。つまり、単にデータをコピー・加工して学習用データセットを作成するだけでなく、作成したデータセットを第三者に譲渡することなども可能になります。また、データの収集・加工・AIモデルの開発を三社で分担・協業するようなことも可能です。

(3) 留意すべき点

このように、他人の著作物を用いて学習用データセットを作成する行為は広く認められていますが、著作権法30条の4によると、「当該著作物の種類及び用途並びに当該利用の態様に照らし著作権者の利益を不当に害することとなる」場合には認められないということには注意が必要です。「著作権者の利益を不当に害する」か否かの判断は個別のケースごとに行わざるを得ませんが、これに該当するのは例外的な場合であるといえるでしょう[1]。

なお、この制度は日本の著作権法上認められたものなので、日本の著作権法が適用される国内での利用についてのみ可能であることにも注意が必要です。

---

[1] この点にも関連する問題として、著作権法30条の4で適法に行うことができる、著作物をAI学習等に利用する行為を取り上げ、当該利用行為を利用規約で制限することができるのかという問題（いわゆるオーバーライド問題）が議論されている。応用的な論点であるので本書では詳しく取り上げないが、新たな知財制度上の課題に関する研究会による「新たな知財制度上の課題に関する研究会　報告書」(2022年2月)に詳しく論じられている。

2-7 著作権法-5　AI生成物と著作権

近年では、技術の向上により、人が作成したものと見分けがつかないような画像・動画・文章・音楽などをAIが生成することが可能になりました。ここでは、AI生成物と著作権について解説します。

1 AI生成物と著作権の問題の概要

（1）著作権は何に生じるのか

　GAN（Generative Adversarial Networks：敵対的生成ネットワーク）などの技術の発展により、AIが、画像・動画・文章・音楽などの分野で高度な生成物を生成できるようになってきています。性能の高さから大きな話題となったChatGPTや、プロンプト（呪文）を入力すると画像を生成する「Stable Diffusion」など、手軽に利用できるサービスも出てきています。こういった生成物は、仮に人間が作った場合には、著作物として保護される場合もあるでしょう。そこで、「AIが生成した物には著作権が発生するのか」という問題が生じます。

　また、AI生成物は、人間が過去に作った著作物と非常に類似したものとなる可能性もあります。つまり、「AI生成物が人間の著作物の著作権を侵害した場合、誰にどのような責任が生じるのか」という問題も生じます。

　本節では、AI生成物と著作権をめぐるこれらの問題を解説します。なお、これらの問題は、AIの技術の急速な進歩に伴って近年生じたものであり、法的な議論が十分になされている訳ではないため、大まかな議論の方向性を理解することが重要です。

2 AI生成物に著作権が発生するか

（1）AIが著作権者になるか

　まず、AI自身は、自然人や法人ではなく、権利を持つことはできません。したがって、AIが著作権者となることはありません。

（2）AIの利用者やAIの開発者が著作権者になるか

　では、AIの利用者又はAIの開発者を著作権者として、AI生成物が著作物として保護されることはあるのでしょうか。

この点については、AI生成物を生み出す過程において、学習済みモデルの利用者に創作意図があり、同時に、具体的な出力であるAI生成物を得るための創作的寄与があれば、利用者が思想感情を創作的に表現するための「道具」としてAIを使用して当該AI生成物を生み出したものと考えられることから、当該AI生成物には著作物性が認められその著作者は利用者となる、と考えられています。一方で、利用者の寄与が、創作的寄与が認められないようなかんたんな指示に留まる場合、当該AI生成物は、AIが自律的に生成した「AI創作物」であると整理され、現行の著作権法上は著作物と認められない、と考えられています。

具体的には、たとえば、利用者が学習済みモデルに画像を選択して入力する行為や、大量に生み出されたAI生成物から複数の生成物を選択して公表するような場合、選択する行為が創作的寄与に該当し得る可能性が指摘されているものの、「どこまでの関与が創作的寄与として認められるかという点について、現時点で、具体的な方向性を決めることは難しい」とされています[1]。

以上の内容は、知的財産戦略本部 検証・評価・企画委員会 新たな情報財検討委員会が公表している「新たな情報財検討委員会 報告書 −データ・人工知能（AI）の利活用促進による産業競争力強化の基盤となる知財システムの構築に向けて−」（平成29年3月）を参照しました（36、37頁）。以下、この報告書を「新たな情報財検討委員会報告書」といいます。

なお、AIの利用者ではなく開発者については、一般的にはAI生成物の著作者になり得ないと考えられています[2]。

3　AI生成物が人間の著作物の著作権を侵害した場合の責任

(1) 問題の所在

前節において、「他人の著作物を用いて学習用データセットを作成し、AIの

1　「Stable Diffusion」を例に考えると、試行錯誤の結果、非常に詳細なプロンプトを作成した場合や、多数の画像を生成してその中から公表する画像を選択したような場合には、利用者に著作権が認められる可能性があり得る。ただし、AIの開発者と利用者の創作行為に共同性が認められるような例外的な場合、AIの開発者と利用者が共同著作者となる余地があると考えられている。
2　ただし、AIの開発者と利用者の創作行為に共同性が認められるような例外的な場合、AIの開発者と利用者が共同著作者となる余地があると考えられている。

学習に使うことができる」ということを解説しました。そうすると、他人の著作物が含まれる学習用データセットを使って学習したAIモデルにより生成されたAIモデルが、学習用データセットに含まれる他人の著作物と類似したAI生成物を生成してしまうことが考えられます。この場合、「AI生成物が著作権侵害となるのか、なるとして誰が著作権侵害の責任を負うのか」ということが問題になります。

(2) どのような場合に著作権侵害になるか

　一般的に、ある作品が著作権侵害と判断されるためには、その作品が著作物に依拠していること（依拠性）、著作物に類似していること（類似性）が必要になります。AI生成物についても依拠性・類似性等の一定の要件を満たしていれば著作権侵害となり得ることになりますが、特に依拠性については、どのような場合に依拠性が認められるのかは、現時点では統一的な見解はありません。一方では、「学習用データに含まれているなど、元の著作物へのアクセスがあれば依拠を認めても良い」という見解もあり得ますが、「表現の自由空間が狭まりすぎるため学習用データに含まれていることのみをもって著作権侵害を認めるべきではない」という見解もあります[3]。

　なお、著作権侵害が認められる場合、誰がその責任を負うかも問題になります。AIの開発者及び利用者の両方が著作権侵害の責任を負う可能性が指摘されていますが[4]、それぞれ、どのような場合に責任を負うかは必ずしも明らかではないのが現状です。

(3) 議論の全体像

　このように、AI生成物と著作権侵害の問題については、現時点では統一的な見解があるとはいえません。まずは、問題の所在と著作権侵害についての一般論を理解することが重要です。なお、AIの開発の現場においては、他人の著作物を用いて学習を行う場合には、どのようなデータにより学習したのか、及びどのようなデータを用いて推論したのかを事後的に検証できるよう、学習や推論のデータの記録を残しておくという対応もあり得ると考えられます。

3　「新たな情報財検討委員会報告書」37頁参照
4　「新たな情報財検討委員会報告書」38頁参照

演習問題2-7

問題1

第三者の著作物を学習用データとして取り扱う場合に、現在の日本の法律に照らして、最も適切な選択肢を1つ選べ。

A 改正著作権法では学習用データとして著作物を利用することは、一定の基準を満たしており、それが研究や非営利目的である場合に限り適法である。

B WEB上に公開されている自然言語データから生成した学習用データセットをWEB上で公開したり第三者に有償で譲渡することは違法である。

C ある漫画家の画風に似せたキャラクターを生成するモデルを製作するための学習用データセットとして、その漫画家の著作物を丸ごとデジタルスキャンしたデータを公開することは適法である。

D 著作権法の規定をクリアしていても不正競争防止法の観点から営業秘密にあたるデータの利用などは制約がかかる可能性がある。

解答　D

解説

A 学習用データとして著作物を利用することは、研究や非営利目的に限らず認められているため、不適切です。

B 自然言語データは第三者の著作物が含まれる可能性がありますが、AIの学習を目的として利用する場合には、学習用データセットの公開や有償での譲渡を行うことができる場合もあるため、不適切です。

C 問題文がやや抽象的ですが、「著作物を丸ごとデジタルスキャンしたデータ」を公開することは、情報解析の用に供するためといえるかがやや疑わしいことに加え、AIにより「ある漫画家の画風に似せたキャラクターを生成」した場合、生成したデータについて、元データへの依拠性と類似性が認められて元データの著作権を侵害する可能性があるため、著作権侵害のほう助行為に該当する可能性が否定できません。そのため、不適切であるといえます。

D 不正競争防止法上の営業秘密に該当する場合、不正な取得や使用等が禁止される等の制約がかかるため、適切です（営業秘密について、詳しくは2-12を参照）。

2-8 特許法-1 特許法

ここでは、特許権の内容、特許権取得のための手続き及び営業秘密との違い等について解説します。

1 特許権の内容

(1) 排他的独占権

　新しく生み出したアイデアを他社に真似されないようにする方法としては、特許権による保護が一般的です。発明に該当するアイデアが特許権として保護されると、特許権者は、その特許発明を実施（詳しくは次の「2 実施」を参照）することについて排他的・独占的権利を得ることができます（特許法68条）。

　この場合、他者が特許権を実施するには、特許権者との間で特許権のライセンスを受ける必要があり、仮にライセンスを受けずに特許権を実施した場合には、特許権者は特許権を侵害した者に対して差止請求（特許法100条1項）や損害賠償請求（民法709条）等をすることができます。

　ただし、特許法上、特許権者の許諾がない場合であっても、特許発明の実施権限が認められる場合があります。その1つが、試験又は研究のためにする特許発明の実施であり（特許法69条1項）、たとえば、特許発明の実施可能性を検証するために特許発明に抵触する物を製造する行為には、特許権の効力が及びません。

(2) 実施

　特許法は、発明の実施により収益を得ることを目的の1つとしており、発明は実施されることに意味があります。

　「実施」の内容は、発明の種類（カテゴリー）によって異なります。発明の種類（カテゴリー）は、「物の発明」と「方法の発明」に分類され、さらに方法の発明は、物を使用する方法や測定方法等の「単純方法発明」と、「物を生産する方法の発明」（方法の実行により物が生産される発明）に分類されます。

　「物の発明」の場合は、その物を生産、使用、譲渡等（譲渡及び貸渡し）、輸出若しくは輸入又は譲渡等の申出をする行為が実施にあたります。

また、「単純方法発明」の場合は、その方法を使用する行為が実施にあたり、「物を生産する方法の発明」の場合は、その方法を使用する行為の他、その方法により生産した物の使用、譲渡等、輸出若しくは輸入又は譲渡等の申出をする行為が実施にあたります（特許法第2条3項）。

実施には、自己実施の他、他者に発明の実施権限を与える方法があります。他者に発明の実施権を与える方法には、特許権者の許諾により成立する専用実施権や通常実施権の他、特許長官の裁定により成立する**裁定実施権**、法律上当然に発生する**法定実施権**があります。

このうち、**専用実施権**とは、特許権者の許諾により、設定行為で定めた範囲内において、特許発明の実施をする権利を専有する権限をいいます（特許法77条）。**専用実施権が設定されると、特許権者も当該特許発明を実施することができなく**なります。親子会社関係にある場合や個人発明家が企業に実施権を付与する場合等に利用されます。専用実施権は、登録をすることが効力発生要件とされています。

他方、**通常実施権**とは、特許権者の許諾により、設定行為で定めた範囲内において、特許発明の実施をする権限をいいます（特許法78条）。排他的独占的利用ではない点が専用実施権と異なり、重複して実施権が設定されるところにあります。設定にあたり登録は不要です。

2 手続き

(1) 出願から登録までの流れ

特許として保護を受けるには、出願をして特許庁による特許権の設定登録を受けることが必要です。出願後に実体審査を受けるには、特許出願した日から3年以内に**出願審査請求**をする必要があります。出願審査請求を経て実体審査を通過すれば設定登録を受けることができます。

▼特許出願審査の流れ

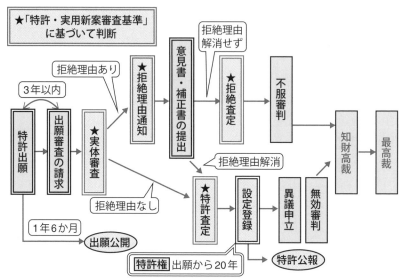

※第三者は拒絶理由通知書等の書類の
　閲覧や情報提供を行うことができる。

出典：特許庁調整課審査基準室「IoT関連技術の審査技術等について」（2018年6月）11頁を加工
して作成
〔https://www.jpo.go.jp/system/laws/rule/guideline/patent/document/iot_shinsa/all.pdf〕

（2）先願主義の原則

　特許法は、同一の発明について複数の出願があった場合には、最先の特許出願人のみがその発明について特許を受けることができるという**先願主義の原則**（特許法39条）を採用しています。

　仮に自社の発明を特許出願しないでいる間に、他社が同様の特許権を取得すると、自社の発明を実施することが場合によっては他社の特許権を侵害することにもなりかねません。そのため、たとえば、発明を特許化してライセンスビジネスを展開したい等の戦略がある場合には、早めに出願する必要があります。

　ただし、先願主義を徹底すると、他人の特許出願の際に既に、特許出願に係る発明の内容を知らずに独自に発明を実施して事業を行っている場合や、その準備をしている場合に、特許権侵害を構成することになり妥当ではありません。

そこで、このような場合には、独自の発明をした者に、特許権者の許可なく当該発明を利用することができる**先使用権**（特許法79条）が認められています。

(3) 国際出願

AIに関するソフトウェア関連発明（2-9参照）については国際出願が増えています。国際出願においては、特許権の審査は各国が個別に行うため、複数の国で特許権を得たい場合には個別に出願する必要があります。しかし、各国の言語に対応した出願手続を個別に行うことは、煩雑でコストがかかります。

このような煩雑さを改善するために設けられた制度がPCT（Patent Cooperation Treaty）に基づく国際出願です。PCT国際出願では、国際的に統一された出願願書（PCT/RO101）をPCT加盟国である自国の特許庁に対して特許庁が定めた言語（日本国特許庁の場合は日本語若しくは英語）で作成し、1通だけ提出すれば、その時点で有効な**条約加盟国すべてに同時に出願をしたのと同じ効果が得られます。**

ただし、国際出願は出願手続を統一的に行うものであり、特許の実体審査は各国が個別に行います。そのため、**出願人は、国際出願後一定の期限内に、当該国際出願を、特許を取得したい国の手続に係属させる必要があります。**この国内移行手続がなされると、移行先の国の法令に従い特許審査が行われることになります。

3　営業秘密との比較

営業秘密（2-12参照）とされている発明については、出願する否かを慎重に検討する必要があります。発明は、**出願後に出願公開（特許法64条2項）され、または設定登録後は特許公報に掲載される（特許法66条3項）**ことにより、公然と知られ営業秘密としての保護は消滅します。そのため、発明を特許化するか、営業秘密として保護するかについて、自社の知財戦略を考慮した上で決定することが大切です。

たとえば、ある発明について、Aが営業秘密の保護を選択した場合、他者が許可なくこの営業秘密を使用することは不正競争行為にあたるため、Aは、行為者に対し、営業秘密の使用の差止め等を請求することができますが、その発明と同一の発明を独自に行ったBが当該発明を使用することは不正競争行為に

はならないため、AはBの使用を阻止することができません。さらに、Bが特許出願をして特許権を取得すると、Aがその発明を使用することは、先使用の抗弁（特許法79条）が認められるような場合を除き、Bの特許権の侵害となります[1]。

　このように、特許権と営業秘密は、二者択一の関係にあり、どちらを選択するかがビジネス展開にも大きく影響する場合があります。

　特許発明と営業秘密の違いについては、以下の通りです。

▼特許発明と営業秘密の違い

	特許権	営業秘密
取得のための手続き	**出願が必要** 設定登録がなされることで特許権が発生（特許法66条1項）	**出願等の手続きは不要** 営業秘密であれば保護される
存続期間	原則として出願日から20年間（特許法67条1項）	**期間制限なし** 営業秘密である限り保護される（営業秘密性を失うと保護されない）
保護内容	排他的独占権（特許法68条参照）	**不正競争行為からのみ保護される**

1　大渕哲也、塚原朋一、熊倉禎男、三村量一、富岡英次、（引用部分執筆者）茶園成樹「専門訴訟講座⑥　特許訴訟（上巻）」（2012年4月1日）7頁

2-9 特許法-2 特許要件

ここでは、特許を受けるための要件について解説します。

1 特許を受けるための要件

　アイデアが特許権により保護されると、特許権者は、排他的・独占的にそのアイデアを利用することができるようになります。仮に些細なアイデアを特許権として保護すると、特許権者以外の者は、ライセンスを受けない限り、その些細なアイデアを利用することができなくなり、また、そのアイデアを利用して新たな技術を生み出すこともできません。このように、どのようなアイデアであっても特許権を付与することになると、新たなアイデアの創出を阻み、ひいては技術革新を阻むことにもつながりかねません。そのため、特許権として保護されるアイデアは、単なるアイデアではなく、一定の要件を充たした高度なものでなくてはならないとされています。

　その主な要件としては、①発明該当性、②産業上の利用可能性、③新規性、④進歩性、⑤明確性、⑥実施可能性が挙げられます。以下の表はこれらの要件について説明したものです[1]。

▼特許を受けるための要件の定義

①特許法上の発明であること（第2条1項）	「発明」とは、自然法則を利用した技術的思想の創作のうち高度のものをいう × 単なるアイデア × 単なる情報の提示
②産業上利用することができる発明であること（第29条1項柱書）	発明が産業上利用可能であること × 人間を手術、治療又は診断する方法（医療機器、医薬品自体はOK） × 喫煙方法等個人的にのみ利用される発明（業として利用できない発明）

1　特許庁 調整課 審査基準室「IoT関連技術の審査基準等について」（2018年6月）4頁、5頁の一部を参照。
　　https://www.jpo.go.jp/system/laws/rule/guideline/patent/iot_shinsa.html

③発明に**新規性**があること（第29条1項）	発明がこれまで世の中になかったこと ×　公然と知られた発明 ×　刊行物に掲載された発明（特許公報、論文、インターネット等）
④発明に**進歩性**があること（第29条2項）	当業者が刊行物に記載された発明等に基づいて容易にすることができた発明であること
⑤特許を受けようとする発明が**明確**であること（第36条6項2号）	特許を受ける発明が明確になるように請求項を記載する必要がある
⑥実施可能要件を満たしていること（第36条4項1号）	明細書及び図面に記載した事項と出願の技術常識とに基づき、請求項に係る発明を実施することができる程度に、発明の詳細な説明を記載しなければならない

　このうち、発明該当性、新規性及び進歩性は特に重要な要件ですので、以下でかんたんに解説します。

■発明該当性

　特許権を受けるには、まずアイデアが特許の対象となる発明に該当する必要があります。ここで発明とは、①自然法則を利用した、②技術的思想の、③創作のうち、④高度なものを指します。

　自然法則とは、自然界において経験的に見出される法則ですので、「30分以内に宅配できなければ割引するサービス」といった単なるアイデアや、ゲームのルール、コンピュータプログラミング言語等の人為的な取り決め、数学的公式等は、自然法則を利用したものとはいえません。

　②技術的思想でないものとしては、情報の単なる提示（デジタルカメラで撮影された画像データやゲームのルール等）や絵画等の単なる美的創造物が挙げられます。

　③創作性が認められるためには、既存のものを発見しただけでは足りず、新たに作り出す必要があります。

　④高度性は実用新案権との区別のために求められる要件です。

2

■新規性

　新規性とは、発明が先行技術のものではないことをいいます。特許出願前に公然と知られた発明、公然と実施された発明、頒布された刊行物に記載された発明等は新規性がありません（特許法29条1項）。

　この規定に従うと、たとえば、エンジニアが特許出願前にソフトウェア関連技術を学会等で発表した場合、後の出願は既に公開された技術について出願することになるため、新規性がないともいえそうです。しかし、救済規定として新規性喪失の例外規定（特許法30条）が設けられていますので、一定の条件下で一定の期間内であれば、新規性を喪失した発明についても喪失していないものとして扱われます。

■進歩性

　進歩性とは、その発明の属する技術の分野における通常の知識を有する者（当業者）が先行技術から容易に発明することができるかどうかを測る基準です。当業者が容易に発明できると評価されれば「進歩性なし」として、特許を受けることができません。たとえば[2]、「医療情報検索システム」について機能や作用が共通している手段を「商品情報検索システム」に適用する等他の特定分野へ技術を適用することは、当業者が通常の創作能力を発揮すれば足りるアイデアですので、進歩性がないと判断されます。

　新規性や進歩性の判断手法やその具体例については、「特許・実用新案審査基準第Ⅲ部第2章を参照してください。

特
許
法

2　特許庁「特許・実用新案審査ハンドブック」附属書B「特許・実用新案審査基準」の特定技術分野への適用例　第1章29頁。https://www.jpo.go.jp/system/laws/rule/guideline/patent/handbook_shinsa/index.html

2　ソフトウェア関連発明[3]

　ソフトウェア関連発明の出願は、近年急速に伸びており、特許庁が実施したAI関連発明出願状況調査では2014年の国内外AI関連発明の出願数が1084件であったのに対し、2020年には5745件と急増しています[4]。米国や中国におけるAI関連発明の出願件数は他国に比べ突出しており、韓国における出願件数も近年急増しています。このようにIoT分野の重要性が増していることもあり、特許庁は、コンピュータ・ソフトウェアに関する出願における審査基準の適用について留意事項等を説明しています[5]。

　以下では、特許審査において重要な要件である発明該当性について解説します。新規性、進歩性その他の特許要件については「特許・実用新案審査ハンドブック」附属属書B「特許・実用新案審査基準」の特定技術分野への適用例　第1章26頁以下が参考になります。

■発明該当性

　コンピュータ・ソフトウェア[6]に関しては、かつて、プログラムそれ自体は計算式と類似のものとされ、自然法則を利用したものではないとされていました。しかし、「自然法則の利用」の解釈が技術の進歩や変容に伴い緩められた結果、現在では、発明の本質が**全体として自然法則を利用した**といえれば足りるとされています。

　具体的には、「**ソフトウェアによる情報処理が、ハードウェア資源を用いて具体的に実現されている場合**」には発明にあたるとされています[7]。つまり、ソフトウェアによる情報処理だけでは発明にあたりませんが、パソコン、CPU、メモリ、入出力装置等のハードウェアを使って、具体的にソフトウェアによる

3　ソフトウェア関連発明とは、その発明の実施にソフトウェアを必要とする発明をいう。前掲2)特許庁1頁。

4　特許庁 審査第四部 審査調査室　2022年10月　AI関連発明出願状況調査。https://www.jpo.go.jp/system/patent/gaiyo/sesaku/ai/ai_shutsugan_chosa.html

5　前掲2)特許庁

6　コンピュータ・ソフトウェアとは、コンピュータの動作に関するプログラム、その他コンピュータの処理の用に供する情報であってプログラムに準ずるものをいう（特許庁「特許・実用新案審査基準」第Ⅲ部第1章6頁）。

7　前掲2)特許庁18頁。

情報処理が行われている場合には、特許の対象となる発明にあたります。

　また、データについては、単なるデータは発明の対象にはなりませんが、「構造を有するデータ」又は「データ構造」[8]は、データの有する構造がコンピュータの処理を規定するという点でプログラムに類似する性質を有するとされ[9]、発明該当性が認められる場合があります。

　たとえば、ユーザーからの応答に基づいてユーザーとの音声対話を行う音声対話システムについて、そのシステムに対話のシナリオデータが構造化されて記録されていて、コンピュータがユーザーからの応答に従いデータ構造の分岐を判定して、次の応答を記録した対話ユニットを選び、ユーザーとの対話を行う場合が考えられます。このデータ構造は、音声対話システムにおける情報処理を規定して、音声対話という情報処理を可能にするため、特許法上の発明にあたるとされています。データに関しては、上記で説明した通り、発明に該当する場合があるということを知っておきましょう。

8　データ構造とは、データ要素間の相互関係で表される、データの有する論理的構造をいう。

9　前掲2)特許庁24頁〜 25頁。

2-10 特許法-3　発明者・職務発明

> ここでは、発明者や職務発明に関する事項について解説します。

1 発明者

(1) 発明者とは

　発明者とは、技術的思想の創作に現実に加担した者をいいます（東京地判平17・9・13判時1916号133頁【ファイザー事件】）。発明者となるには、新たな着想を得たり、その着想につき具体的な解決手段を見出す必要があり、単に抽象的なテーマ等を提示した者、一般的な助言を与えた者、指示を受け単にデータをまとめ又は実験をした補助者、資金やデータの提供者等は、発明者にはあたりません。共同で技術的思想を創作した者は共同発明者になり、その発明に係る権利は共有になるため、共同で特許出願する必要があります（特許法38条）。

　特許法は、自然人のみが発明者となることを予定していますので、法人は発明者になることはありません（特許法29条1項柱書、49条7号等参照）。他方、特許法36条1項では出願人は名称記載が許されていますので、法人が出願人になることはあります。なお、後述する職務発明に関しては、一定の条件を満たせば使用者に特許を受ける権利が原始的に帰属する（特許を受ける権利がその発生時にある主体に帰属すること）とされています（特許法35条3項）。これについては、職務発明の財産権に関しては使用者に原始的に帰属し、発明者名誉権は従業者に帰属すると解釈されており[1]、職務発明に関しても発明者の欄には自然人の氏名が記載されます。

　また、現行法上は、AIが発明者になることもありません。人の介入なしにアイデアを発想することができるAI「DABUS」が創作した発明について特許出願がなされた事案がありますが、欧州特許庁（EPO）は、EPC（欧州特許条約）の法的フレームワークは自然人、法人、団体に対して提供され、それ以外には提供されていないこと等を理由に、AIの発明者該当性を否定しています。

1　中山信弘「特許法」(第4版)(2019年) 48頁。

2

さらに、英国や米国でも、特許所管庁及び裁判所がAIを発明者として認めないとの判断を下しています。なお、オーストラリアでは、連邦裁判所（1審）がAIを発明者として認めるとの判断を下しましたが、控訴審においてこれを覆し、AIの発明者該当性を否定しました。

(2) 発明者を特定する意義

発明者は、特許を受ける権利を取得しますので（特許法第29条柱書）、特許出願をし（同36条）、あるいは特許を受ける権利を譲渡することができます。また、特許権を取得すればその排他的独占権を得て、特許権を実施しあるいは他者に実施許諾をすることにより収益を得る等、さまざまな権利を享受することができます。

2 職務発明

(1) 職務発明制度

特許法は発明を奨励することを目的としているところ（特許法1条）、発明のほとんどは、個人発明家ではなく、従業者等（法人の従業者・役員、公務員）と使用者等（使用者、法人、国又は地方公共団体）が担っているのが現状です。そのため、発明を奨励するためには、従業者等に研究開発を積極的に行い得る環境を提供し、その成果を適切に評価する体制作りが必要です。

また、発明の創出は、直接的には従業者等の個人的資質や努力によるところが大きいですが、発明を完成させるには使用者等による環境や費用の提供が不可欠ですので、使用者等へのインセンティブも重要です。

そこで、従業者等と使用者等の双方のインセンティブをバランスよく調整するため、発明に関する権利関係や経済上の利益の取扱いを定めた制度が職務発明制度です。

(2) 職務発明

職務発明とは、従業者等が過去又は現在の職務において創出した発明であり、使用者等の業務範囲に属するものをいいます（特許法35条1項）。

職務発明に関して、従業者等と使用者等のインセンティブのバランス調整は以下のようになされています。

まず、職務発明について従業者等は特許を受ける権利を原始的に取得し、使

特
許
法

用者等は職務発明について当然に**通常実施権**を有します（特許法35条1項）。ただし、**契約、勤務規則その他の定めにおいてあらかじめ使用者等に特許を受ける権利を取得させることを定めたとき**は、その特許を受ける権利は、その発生した時から使用者等に原始的に帰属するものとされています（特許法35条3項）。また、職務発明について使用者等に特許を受ける権利を取得させた場合には、従業者等は、**相当の金銭その他の経済上の利益**を受ける権利を有するものとされています（特許法第35条第4項）。

　この相当の金銭その他の経済上の利益については不合理な算定がなされないよう、経済上の利益の算定にあたり考慮すべき状況等に関する事項について職務発明ガイドライン[2]が公表されています（特許法35条6項）。

演習問題2-10

問題1　☑ ☑ ☑

発明者に関する説明として、最も不適切な選択肢を 1 つ選べ。

A　特許法上、人工知能が発明者となることはない。

B　株式会社等の法人が発明者となることはない。

C　複数の者の共同作業によりプログラムを発明した場合、そのうちの 1 人のみが発明者となることができる。

D　発明者でなくても、特許出願することができる場合がある。

解答　**C**

解説 ••

　複数の者が共同作業により発明の創出に寄与した場合には、当該複数の者が共同発明者となるため、Cが不正解です。

2　正式名称は、「特許法第35条第6項に基づく発明を奨励するための相当の金銭その他の経済上の利益について定める場合に考慮すべき使用者等と従業者等との間で行なわれる協議の状況等に関する指針」（経済産業省告示第131号）という。

2-11 データ利活用

2

ここでは、データ利活用の方法やデータの保護に関する制度について解説します。

1 データの利活用

　AIやIoT技術が飛躍的に進歩したことに伴い、データは大量かつ高速に蓄積されるようになりました。そしてこの膨大なデータは、マーケティングや広告等の事業分野の他、医療分野、教育分野等のさまざまな分野に利用され、新たなサービスやプロダクトが生み出されています。とりわけ、企業がデータを使ってAIを開発し、マーケティング、売上予測、品質管理、保険料率算定、画像診断等のサービスとして提供する事例が増えています。

　データ利活用の際には、まずどのような目的で利活用をするのかを定め（利活用の対象の特定）、その特定された目的に応じてデータを収集又は利用します。

▼データ利活用の例

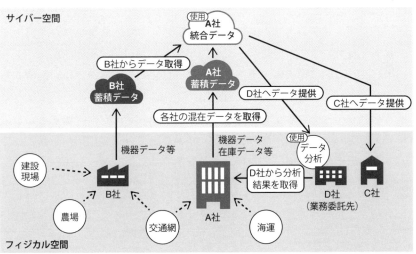

前ページ図[1]を例に考えてみます。A社は、ある特定の目的（たとえば、在庫予測AIを使ったサービスを創出する）のためにデータを利活用しようと考えます。

このとき、自社が保有する在庫データを利用する場合の他、これだけではデータ量が不足する場合には、B社からデータを購入する等してデータ量を増やします。A社の潜在データとB社から取得したデータを混ぜたA社統合データをD社に提供して、D社にデータ分析を委託します。そして、A社は、D社からデータ分析結果を取得し、これを用いて自社で在庫予測AIを開発する等して自社のサービス展開に利用します。

このA社のように、自社の在庫予測AIを開発するために、自社データを利用する場合の他、B社のように自社でデータを使用せず他社に提供する場合や、複数の企業間で共同開発をするために各社が自社のデータを提供する場合等、データ利活用の目的に合わせ多種多様な方法でデータが利用されています。

2　データ保護の必要性

このようにデータ利活用が進むことは望ましいですが、一方でデータの保護にも目を向ける必要があります。

上記の例を考えると、A社やB社が提供するデータは、企業が労力や費用を投じて収集したものです。仮にデータの提供先が利用目的の範囲を超えてデータを利用し、あるいは第三者が不正アクセス等によりデータを不正に取得するようなことがあれば、A社やB社は、機密情報や個人情報の漏えい等により多大な損害を被ることになります。企業がこれを恐れ、データを提供することに躊躇してデータの産業活用が進まないと、イノベーションの創出が阻害されてしまいます。そのため、データの利活用を促進するには、データを保護する制度が必要になります。

1　経済産業省「データ利活用のポイント集」22頁の図を加工して作成。
　　https://www.meti.go.jp/policy/economy/chizai/chiteki/pdf/datapoint.pdf
　　なお、本文中の具体例は筆者が創作したものであり、同ポイント集に記載された内容ではない。

3 データ保護に関する諸制度

データを保護する方法として以下の制度が考えられます。

①営業秘密（不正競争防止法2条6項）

②限定提供データ（不正競争防止法2条7項）

③データベースの著作物（著作権法12条の2）

④特許を受けた発明（特許法2条1項）

⑤個人情報／匿名加工情報／仮名加工情報（個人情報保護法）

⑥契約（民法415条）

⑦不法行為（民法709条）

⑧刑法・不正アクセス禁止法

　営業秘密と限定提供データは、データの盗難や不正利用などの侵害行為に対して、民事上の差止めや損害賠償請求を認める制度です。営業秘密に対する侵害行為には、さらに刑事罰も課せられる場合があります。

　著作権法との関係では、データベースの著作物による保護が考えられます。データベースの著作物として保護されるには、情報の選択又は体系的構成によって創作性を有することが必要ですが、データベースに創作性が認められることは少ないと思われます。

　特許を受けた発明は特許法上保護されます。特許法上の発明に該当するには、技術的思想のうち高度のものである必要がありますが、情報の単なる提示といえるデータは技術的思想と評価されません。また、「構造を有するデータ」や「データ構造」がプログラムに準ずる場合には、発明に該当する場合があります。

　個人情報、匿名加工情報及び仮名加工情報は、個人に関する情報を保護する制度で、データの種類に応じてさまざまな規制がなされています。この点については、2-16から2-18を参照してください。

　その他、契約によりデータの管理を義務付け、データを保護することも考えられます。ただ、契約はその当事者のみを拘束するものですので、第三者が不正行為を働いた場合には契約の拘束力が及ばないという問題があります。

　契約の拘束力が及ばない場合でも、データを不正に利用した者に対して、民法の不法行為に基づき損害賠償請求をすることは可能です。著作物に該当しな

いデータベースの無断コピーについて民法709条に基づく損害賠償請求を認めた裁判例があります［翼システム事件（東京地中間判平成13年5月25日）］。

最後に、データに無断アクセスする者は、刑法［電磁的記録不正作出及び供用罪（刑法161条の2）、不正指令電磁的記録作成・取得等（刑法168条の2・168条の3）等］や、不正アクセス禁止法［不正アクセス罪（不正アクセス禁止法11条、3条）］で処罰される場合があります。

以上の通り、データ保護の諸制度は複数ありますが、2-12から2-14では、これらのうち営業秘密と限定提供データについて解説します。

▼データ保護に関する主な法制度[2]

	要件	不正行為	民事措置	刑事措置
データベースの著作物	データベースを構成するもので、その情報の選択又は体系的構成によって創作性を有するもの	権利者の許諾のない著作物の利用（複製等）	○（差止め／損害賠償）	○
特許を受けた発明	①自然法則を利用した技術的思想の創作のうち高度のもの②特許を受けたもの	権利者の許諾のない実施等	○（差止め／損害賠償）	○
営業秘密	①秘密管理性②有用性③非公知性	不正取得・使用・開示等（悪様な態様に限定）	○（差止め／損害賠償）	○
限定提供データ	①限定提供性②電磁的管理性③相当蓄積性	不正取得・使用・開示等（悪質な態様に限定）	○（差止め／損害賠償）	×
不法行為	データ一般	故意又は過失による権利侵害行為	○（損害賠償／差止めについては人格的侵害に対する差止めに限り○）	×
債務不履行	データ一般	契約違反行為	○（契約の定めに従う）	×

2. 経済産業省 知的財産政策室「不正競争防止法平成30年改正の概要（限定提供データ、技術的制限手段等）」8頁を参考に作成。

2-12 不正競争防止法-1 営業秘密

ここでは、情報漏えい等からデータを保護する制度として、営業秘密について解説します。

1 概要

企業の保有する情報の中には、顧客情報、営業情報、技術情報等の企業の研究開発や事業活動を通じて生み出された価値あるアイデアや情報があります。そのアイデアや情報を不正に取得、使用、開示されれば、企業は多大な損害を被ることになります。不正競争防止法（以下「不競法」といいます。）は、このようなアンフェアな不正競争行為を差止める等により、営業秘密を保護しています（不競法2条6項）。

アイデアを保護する制度には、他に特許権がありますが、発明に該当しないアイデア（ノウハウ）は特許権の対象になりませんので、営業秘密により保護することが考えられます。また、特許制度では、特許出願後にアイデアが公開される他、権利の存続期間（20年間）があるため、事業所内部でのみ使われるアイデアで公開を望まない場合や、長期の独占により利益を生み出したい等の事情がある場合には、特許権ではなく営業秘密により保護することになります。

2 要件

(1) 営業秘密の3要件

営業秘密とは、秘密として管理されている生産方法、販売方法その他、事業活動に有用な技術上又は営業上の情報であって、公然と知られていないものをいいます（不競法2条6項）。これを要件に分類すると、営業秘密として保護されるためには、①秘密管理性、②有用性、③非公知性が必要です。

(2) 秘密管理性

営業秘密は、そもそも情報自体が無形で、その保有・管理形態もさまざまであること等から、従業員や取引相手先にとって、当該情報が法により保護される営業秘密であることを容易に知り得ない状況が想定されます。そのため、営業秘密として保護するには、企業が営業秘密として管理しようとする対象を明

確にすることで、事後に営業秘密に接した者に予見可能性、ひいては経済活動の安定性を確保する必要があります[1]。

　秘密管理性の要件を満たすためには、企業がその情報を営業秘密であると主観的に認識していることでは足りず、秘密管理意思が、具体的状況に応じた経済合理的な秘密管理措置によって従業員に明確に示され、結果として、従業員が当該秘密管理意思を容易に認識できる必要があります。また、取引相手先に対する秘密管理意思の明示についても、基本的には、対従業員と同様に考えることができるとされています[2]。

　秘密管理措置の内容・程度は、企業の規模、業態、従業員の職務、情報の性質その他の事情の如何によって異なります。具体的には、営業秘密を営業秘密でない一般情報と合理的に区分し、その情報が営業秘密であることを明らかにする措置がとられていれば、秘密管理措置が認められます。

■一般情報（営業秘密以外の情報）からの合理的区分

　合理的区分とは、営業秘密が、情報の性質、選択された媒体、機密性の高低、情報量等に応じて、一般情報と合理的に区分されていることをいいます。

　これは、紙1枚ごと、電子ファイルの1ファイルごとに営業秘密か一般情報かを表示することを求めるものではなく、典型的には紙を保存したファイルや電子フォルダごとに、営業秘密である情報を含む（一般情報を含む場合もある。）のか、一般情報のみで構成されるかどうかを従業員が判別できるよう区別されていれば良いとされています[3]。

■営業秘密であることを明らかにする措置

　営業秘密であることを明らかにする措置として、媒体への表示、当該媒体に接触する者の限定、営業秘密たる情報のリスト化、秘密保持契約等において守秘義務を明示する等が想定されます[4]。以下では一例を挙げますが、これらの措置が講じられていない場合でも、他の要素を考慮して秘密管理性があると判

1　経済産業省「営業秘密管理指針」（最終改訂2019年1月23日）4頁、5頁参照。
　　https://www.meti.go.jp/policy/economy/chizai/chiteki/guideline/h31ts.pdf
2　前掲1）経済産業省6頁。
3　前掲1）経済産業省7頁参照。
4　前掲1）経済産業省8頁〜16頁参照。

断される場合があります。

①紙媒体の場合

（ファイルの利用等により一般情報からの合理的な区分を行った上で）

- 文書に「マル秘」「confidential」等を表示する
- 施錠可能なキャビネット等に保管する

②電子媒体の場合

- 記録媒体に「マル秘」「confidential」等を表示する
- ドキュメントファイルのヘッダーに㊙を付記
- 電子ファイルや電子フォルダの閲覧に要するパスワードを設定
- 電子フォルダへのアクセス制限

③ノウハウ等

　従業員が体得した無形のノウハウや従業員が職務として記憶した顧客情報等については、従業員の予測可能性を確保し、職業選択の自由にも配慮する観点から、原則として営業秘密のカテゴリーをリスト化する等により文書等の媒体に可視化する。ただし、情報量、情報の性質、営業秘密を知り得る従業員の多寡等を考慮して、営業秘密の範囲やカテゴリーを口頭ないし書面で伝達することによっても、従業員の認識可能性を確保し得る。

④営業秘密を企業内外で共有する場合

　社内の複数箇所で同じ情報を保有するケースにおいては、秘密管理性の有無は、法人全体で判断されるのではなく、営業秘密たる情報を管理している独立単位ごとに判断される。

　また、複数の法人間で同一の情報を保有しているケースにおいては、秘密管理性の有無は、法人［具体的には管理単位（営業秘密の管理について一定の独立性を有すると考えられる単位。典型的には、「支店」「事業本部」等。)］ごとに判断される。子会社をはじめとして、企業外の別法人については、営業秘密保有企業自体が当該別法人の内部における秘密管理措置の実施を直接に実施・確保することはできない等の理由から、別法人内部での情報の具体的な管理状況は、自社における秘密管理性には影響しないことが原則とされている。

　複数の企業で共同研究開発をする等、自社の営業秘密を開示することが想定される場合、それについて秘密管理意思を示すためには、開示先をすべて含め

た企業を当事者とする秘密保持契約を締結することが有効である。

(3) 有用性[5]

　有用性とは、情報が客観的に見て事業活動にとって有用であることをいいます。

　有用性の要件は、公序良俗に反する情報（脱税や有害物質の垂れ流し等の反社会的な情報）等、秘密として法律上保護されることに正当な利益が乏しい情報を除外し、広い意味で商業的価値が認められる情報を保護することに主眼があります。したがって、秘密管理性や非公知性の要件を満たす情報は、有用性が認められることが通常であり、現に事業活動に使用・利用されていることを要するものではないとされています。また、直接ビジネスに活用されている情報に限らず、間接的な価値がある場合にも有用性が認められます。たとえば、委託元のユーザーが収集した製品の欠陥情報（欠陥製品を検知するための精度の高いAI技術を利用したソフトウェアの開発には重要な情報）等のいわゆるネガティブ・インフォメーションがこれにあたります。

(4) 非公知性

　非公知性とは、当該営業秘密が一般的に知られた状態になっていない状態、又は容易に知ることができない状態をいいます。具体的には、当該情報が合理的な努力の範囲内で入手可能な刊行物に記載されていない、公開情報や一般に入手可能な商品等から容易に推測・分析されない場合等、保有者の管理下以外では一般的に入手できない状態を指します[6]。

　たとえば、「仮に原告製品のリバースエンジニアリングによって原告の営業秘密である技術情報に近い情報を得ようとすれば、『専門家により、多額の費用をかけ、長時間にわたって分析することが必要である』と推認されることを理由に、非公知性を肯定」[7]した裁判例があります（大阪地判平成15年2月27日 平成13年（ワ）10308号）。

5　前掲1）経済産業省16頁、17頁。
6　前掲1）経済産業省17頁。
7　前掲1）経済産業省18頁。

演習問題2-12

問題1（オリジナル問題）

不正競争防止法上の営業秘密の説明として、最も適切な選択肢を1つ選べ。

A 未出願の発明が営業秘密であることを口頭で確認しただけでは、秘密管理性が認められることはない。

B 従業員が体得したノウハウは無形であるため、営業秘密として保護されない。

C 複数の企業で学習済みモデルを共同研究開発するにあたり、自社の営業秘密である情報を開示する場合には、開示先をすべて含めた企業の間で秘密保持契約を締結すれば、開示先企業との間においても秘密管理性が認められ得る。

D 技術情報が刊行物に記載されている場合には、いかなる場合であっても営業秘密として保護されることはない。

解答 　C

解説 ･･･

A 誤り。情報量、情報の性質、当該営業秘密を知り得る従業員の多寡等を勘案して、その営業秘密の範囲が従業員にとって明らかな場合には、当該情報の範囲を口頭で伝達することによって、秘密管理性が認められる場合があります。

B 誤り。無形情報であっても、これをリスト化する等により従業員等の認識可能性を確保すれば、営業秘密として保護される場合があります。

C 正解。共同研究開発において共有される情報を営業秘密として保護するためには、共有先である企業との間で秘密保持契約を締結することが、秘密管理意思を示す方法として有効であるとされています。

D 誤り。刊行物が合理的な努力の範囲内で入手可能でなければ、当該技術情報は、営業秘密として保護される可能性があります。

不正競争防止法

2-13 不正競争防止法-2 限定提供データ

一定の条件の下で、複数人がデータを共有した場合に、データ保護を図る制度として限定提供データがあります。ここではこの限定提供データについて解説します。

1 導入の背景

データの利活用の形態には、誰でも情報にアクセスできる方法により複数人でデータを利用する場合があります。

たとえば、ショッピングサイトを運営するA社が、A社のサイトで先行販売することを条件に、A社が保有する消費者の購買データ等を複数の商品メーカーに提供し、当該商品メーカーが当該データを利用して新たに商品を開発し、A社のサイトで先行販売するケース等が考えられます[1]。

このような情報は、条件を充足すれば誰でもデータを利用できるという点で秘密管理性を充足せず、また機密情報と公知の情報が混在するデータである場合には非公知性の要件も充足しませんので、営業秘密として保護されません。

また、著作物として保護されるためには創作性が必要ですが、データ自体に創作性が認められることは少ないため、著作権による保護も難しいといえます。

このような場合にも、データ利活用を促進し、イノベーションを創出するために価値のあるデータを保護する必要があります。そこで、事業者等が取引等を通じて第三者に提供するデータを保護する制度として限定提供データが創設されました。

2 要件

(1) 概要

限定提供データとは、①業として特定の者に提供する情報として、②電磁的方法により相当量蓄積され、及び管理されている、③技術上又は営業上の情報(秘密として管理されているものを除く)をいいます(不競法2条7項)。

1　https://www.meti.go.jp/policy/economy/chizai/chiteki/data.htmlに掲載された事例をベースにした。

2

限定提供データとして保護されると、それを不正に取得、使用、開示する行為は、他者の営業上の利益を侵害し、又は侵害するおそれがあるものとして**不正競争**に該当し、**差止請求**（不競法3条）や損害賠償請求（同法4条）の対象となります。以下では、各要件について解説します。

(2) 業として特定の者に提供する（限定提供性）

この要件の趣旨は、一定の条件下で相手方を特定して提供されるデータを保護対象とすることにあり、相手方を特定・限定せずに無償で広く提供されているデータは保護の対象になりません[2]。

■業として

「業として」とは、**ある者の行為が、社会通念上、事業の遂行・一環として行われているといえる程度のものである場合**をいいます。反復継続的に行われる事業の一環としてデータを提供している場合、又はまだ実際には提供していない場合であっても、データ保有者にそのような事業の一環としてデータを提供する意思が認められるものであれば、本要件に該当するとされています。たとえば、「データ保有者が翌月からデータ販売を開始する旨をホームページ等で公表している場合」が後者の例に該当します[3]。

■特定の者に提供する

「特定の者」とは、**一定の条件の下でデータ提供を受ける者**を指します。特定されていればよく、実際にデータ提供を受けている者の数の多寡は関係ありません。たとえば、会費を支払えば誰でも提供を受けられるデータについて、会費を払って提供を受ける者[4]等がこれにあたります。

不正競争防止法

2　経済産業省「限定提供データに関する指針」（2022年5月最終改訂）9頁。
　　https://www.meti.go.jp/policy/economy/chizai/chiteki/guideline/h31pd.pdf
3　前掲2）経済産業省9頁。
4　前掲2）経済産業省10頁。

(3) 電磁的方法により相当量蓄積され、及び管理されていること（相当量蓄積性、電磁的管理性）

■相当量蓄積性[5]

　この要件の趣旨は、ビックデータ等を念頭に、有用性を有する程度に蓄積している電子データを保護することにあり、社会通念上、電磁的方法により蓄積されることによって価値を有するものが該当します。その判断にあたっては、当該データが電磁的方法により蓄積されることによって生み出される付加価値、利活用の可能性、取引価格、収集・解析に当たって投じられた労力、時間、費用等が考慮されます。

　たとえば、大量に蓄積している過去の気象データから、労力、時間、費用等を投じて台風に関するデータを抽出・解析することで、特定地域の台風に関する傾向をまとめたデータがこれに当たります。

■電磁的管理性[6]

　この要件の趣旨は、特定の者に対して提供するものとして管理するというデータ保有者の意思が、外部に対して明確化されることによって、特定の者以外の第三者の予見可能性や、経済活動の安定性を確保することにあります。そのため、電磁的管理性の要件が満たされるためには、データ提供時に施されている管理措置によって、特定の者に対してのみ提供するものとして管理するという保有者の意思を第三者が認識できるようにする必要があります。

　具体的には、データ保有者と、当該保有者からデータの提供を受けた者以外の者がデータにアクセスできないようにする措置が必要です。アクセス制限は、通常ユーザー認証により行われます。認証技術としては、ID・パスワード、ICカード・特定の端末機器・トークン、生体情報、電子証明書、IPアドレス等があり、これらを単独又は複数組み合わせて使用することが考えられます。その他、アクセス制限をする技術としては、特定の者以外の第三者の干渉を遮断した専用回線を用いることも想定されています。

　一方、たとえば、DVDで提供されているデータについて、当該データの閲覧はできるもののコピーができないような措置が施されている場合、アクセス

5　前掲2）経済産業省10頁、11頁。
6　前掲2）経済産業省11 ～ 13頁。

制限はなされていないため、電磁的管理性の要件を満たさないとされています。

(4) 技術上又は営業上の情報（秘密として管理されているものを除く）

■技術上又は営業上の情報

　技術上又は営業上の情報には、利活用されている（又は利活用が期待される）情報が広く該当します。具体的には、技術上の情報として、地図データ、機械の稼働データ、AI技術を利用したソフトウェアの開発に用いる学習用データセット等が挙げられます。また、「営業上の情報」としては、消費動向データ、市場調査データ等の情報が挙げられます。

　他方、児童ポルノ画像データや違法薬物の販売広告データ等、違法又は公序良俗に反する有害な情報については、「技術上又は営業上の情報」にはあたらないと考えられます[7]。

■秘密として管理されているものを除く

　この要件は、営業秘密と限定提供データの両方で重複して保護を受けることを避けるために設けられたものです[8]。

　営業秘密の場合、秘密管理措置を満たす措置としてID・パスワード等による管理が考えられます。限定提供データについても電磁的管理性を満たす措置としてID・パスワード等の使用が想定されています。では、両者の違いはどこにあるのでしょうか。データを提供することで対価を得ること等を目的とし、その目的が満たされる限り、誰にデータを知られても良いという方針で電磁的管理措置が施されている場合には、秘密として管理する意思に基づくものではなく、秘密として管理する意思が客観的に認識できるものでもありません。このような場合は、「秘密として管理されている」とはいえず、限定提供データに該当し得るといえます[9]。たとえば、料金を支払えば会員になれる会員限定データベース提供事業者が、会員に対し、当該データにアクセスできるID・パスワードを付与する場合には、「秘密として管理されている」といえず、限定提供データに該当し得るといえます[10]。

7　前掲2）経済産業省14頁。

8　前掲2）経済産業省15頁。

9　前掲2）経済産業省15頁。

10　前掲2）経済産業省16頁。

演習問題2-13

問題1（オリジナル問題）

不正競争防止法上の限定提供データに関する説明として、最も適切な選択肢を選べ。

A 限定提供データは、データの利活用を促進するための制度であるから、不特定多数の者に提供する情報を保護の対象にしている。

B データにアクセスするためのIDやパスワードが設定された情報は、秘密として管理されているため、限定提供データとして保護されることはない。

C 限定提供データを侵害する行為に対しては、差止請求や損害賠償請求をすることができる。

解答　**C**

解説 ....

A 誤り。限定提供データは、特定の者に提供される情報を保護の対象にしています。

B 誤り。特定の目的が満たされる限り誰にデータを知られても良いという方針でIDやパスワードが設定されている場合には、限定提供データとして保護されます。

C 正解。

2-14 不正競争防止法-3　不正競争行為

営業秘密や限定提供データを不正に取得、使用、開示等された場合、被侵害者は、侵害者等に対して、差止め、損害賠償等の措置をとることができます。ここでは、違反の対象となる不正競争行為についてかんたんに解説します。

1 不正競争行為

　不正競争行為とは、「営業秘密」や「限定提供データ」を「取得」、「使用」又は「開示」する行為のうち、営業秘密や限定提供データ保有者の利益を直接に侵害するような悪質性の高い行為をいいます（不競法2条1項4号〜 16号）。

　たとえば、窃取、詐欺、強迫その他の不正の手段により営業秘密を「取得」する行為や、これにより取得した営業秘密を使用・開示する行為（不競法2条1項4号）がこれにあたります。

　営業秘密に対する不正競争行為には、以下の類型があります。紙面の都合上、詳しくは解説できませんが、引用した不正競争防止法の各条文を参照してください。

- ・不正取得類型（不競法2条1項4号）
- ・著しい信義則違反類型（不競法2条1項7号）
- ・取得時悪意の転得類型（不競法2条1項5号、8号）
- ・取得時善意の転得類型（不競法2条1項6号、9号）
- ・営業秘密侵害品引き渡し等行為（不競法2条1項10号）
- ・適用除外（不競法19条1項6号）

　限定提供データに対する不正競争行為は、以下の通りです。

- ・不正取得類型（不競法2条1項11号）
- ・著しい信義則違反類型（不競法2条1項14号）
- ・取得時悪意の転得類型（不競法2条1項12号、15号）
- ・取得時善意の転得類型（不競法2条1項13号、16号）
- ・適用除外（不競法19条1項8号）

不正競争防止法

73

営業秘密と限定提供データの違いは、以下のようになります。

▼「営業秘密」と「限定提供データ」の客体と対象行為の比較[1]

			営業秘密	限定提供データ
客体	要件		秘密管理性、有用性、非公知性	限定提供性、相当蓄積性、電磁的管理性
	除外規定		—	秘密として管理されているものを除く
			—	オープンなデータと同一のものを除く
対象行為	外部者（権原のない者）	取得	窃取、詐欺等の不正な手段による取得行為	
		使用	不正取得後の使用行為	
		開示	不正取得後の開示行為	
	正当取得者（権原のある者）	取得	—	
		使用	図利加害目的（不正な利益を得る目的または損害を加える目的）での使用行為	図利加害目的かつ、横領・背任に相当する態様での使用行為
		開示	図利加害目的での開示行為	
	転得者（取得時悪意）	取得	不正な経緯について、知って（悪意）または重過失による取得行為	不正な経緯について、知って（悪意）による取得行為
		使用	不正取得後の使用行為	
		開示	不正取得後の開示行為	
	転得者（取得時善意）	取得	—	
		使用	不正な経緯を知った後、または重過失により知らなかった場合における、取引時の権原の範囲外の使用行為	—
		開示	不正な経緯を知った後、または重過失により知らなかった場合における、取引時の権原の範囲外の開示行為	不正な経緯を知った後、取引時の権原の範囲外の開示行為
	侵害品	譲渡	営業秘密の不正使用により生じた物の譲渡行為	—

1　経済産業省　知的財産政策室「不正競争防止法テキスト」(2022年) 34頁より引用。
https://www.meti.go.jp/policy/economy/chizai/chiteki/pdf/unfaircompetition_textbook.pdf

2 ｜ 不正競争行為に該当した場合の措置

　不正競争行為により営業上の利益が侵害され、又は侵害されるおそれがある者は、侵害した者に対し、**差止請求**（不競法3条）や**損害賠償請求**（不競法4条）をすることができます。また、裁判所による**信用回復措置命令**が発せられることがあります（不競法14条）。

　さらに、営業秘密に対する不正競争行為のうち違法性が特に高い行為には、営業秘密侵害罪として刑事責任を問われることもあります（不競法21条）。なお、限定提供データに対する不正競争行為には、刑事責任が課されません（p.62の表を参照）。

3 ｜ 本節の位置付け

　本書は、AIやディープラーニングを扱う際に必要な法律の知識を解説する書籍であるため、不正競争行為についてかんたんに解説していますが、G検定は、法律家ではなくジェネラリストを養成するための試験ですので、不正競争行為の詳細を理解することまで求められるものではなく、その全体像を把握することが重要です。

不正競争防止法

2-15 個人情報保護法-1
個人情報保護法の全体像

データに個人情報が含まれる場合、個人情報保護法を遵守する必要があります。
ここでは、個人情報保護法の概要について解説します。

1 はじめに

　病歴等が含まれる医療データや信用情報が含まれる金融データ、人が写り込んだ画像データなど、AIの学習に必要なデータには個人情報が含まれることも多くあります。この場合、データの利活用にあたっては、個人情報保護法の遵守が求められます。そこで、ここからは、個人情報保護法の基礎を解説します。

　なお、個人情報保護法は、個人情報を扱うすべての事業者が対象とされます。取り扱う事業の内容の営利性は問わないため、自治会・町内会、PTA、マンション管理組合、同窓会、サークル、NPO法人などの団体も個人情報保護法の対象になる点に注意が必要です。

2 個人情報保護法の概要

　個人情報保護法を理解するためには、①情報のカテゴリを理解することと、②規制を受ける場面を整理することが重要です。以下、順に解説します。

(1) ①情報のカテゴリの理解

　一番基本的なカテゴリは個人情報です。個人情報の中には個人データというカテゴリがあり、さらに個人データの中に保有個人データというカテゴリがあります。

　後ほど詳しく解説しますが、「個人データ」はデータベース化された個人情報、「保有個人データ」は個人データのうち自社が開示などの権限を持つ情報（要は、単に預かっているだけではなく自社の情報として持っている情報）、というイメージです（法的な正確さは欠く説明ですので、あくまでイメージとしてお考えください）。

　個人の氏名やメールアドレスのデータを例に

▼個人情報

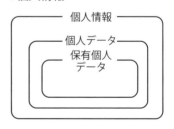

考えると、バラバラに管理されている紙の名刺は個人情報、名刺の情報をエクセルに打ち込んだものは個人データ、名刺の情報をエクセルに打ち込んだもののうち、単に管理を委託されたような場合ではなく、自社で保有しているものが保有個人データに該当し得るでしょう。

　この個人情報、個人データ、保有個人データの3つが基本となるカテゴリです。これらのカテゴリには、一例として以下のような規制が課されます（詳細は後ほど解説します）。

> ・ **個人情報**
>   取得時に利用目的を通知・公表しなければならない。
> ・ **個人データ**
>   データを第三者に提供するときに原則として本人から同意を得なければならない。
> ・ **保有個人データ**
>   本人から情報の開示などを請求されたときに対応しなければならない。

　以上の3つが基本のカテゴリですが、これとは別に、個人情報の中には、病歴や前科など特にセンシティブな情報があります。こういったセンシティブな情報は、**要配慮個人情報**といい、別途規制が課されます。

▼要配慮個人情報

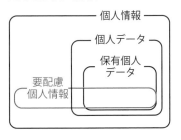

　また、個人情報を利活用しようとする場合に、一定の加工をしてプライバシーの配慮をする場合があります。たとえば、ユーザーの購買データの分析をする場合に、氏名を削除してIDなどに置き換えるような加工をすることがあります。このように、個人情報を加工した情報のカテゴリとして、**仮名加工情報**と**匿名加工情報**というものがあります。仮名加工情報と匿名加工情報は、加工することでデータの利活用がしやすくなったり、データを流通させやすくなったりします。

▼仮名加工情報・匿名加工情報

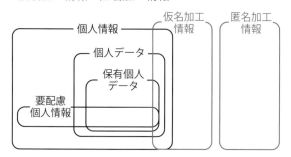

　これとは別の観点で、個人情報には該当しないもののプライバシーへの影響が大きく規制の必要がある情報があります。個人情報保護法では、これを個人関連情報というカテゴリで規制しています。たとえば、クッキー（Cookie）情報などがこれに該当し得ます。

▼個人関連情報

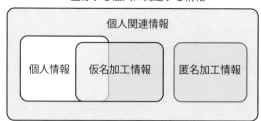

(2)②規制を受ける場面の整理

　個人情報保護法により規制を受ける場面としては、大きく分けると以下の3つに分類可能です。

- ・情報の取得・利用の場面
- ・情報を第三者に提供する場面
- ・本人から情報の開示等を請求される場面

　基本的な概念である個人情報、個人データ、保有個人データの3つの情報カテゴリにおいて課される義務は、大要以下の通りです(詳細は後ほど解説します)。

▼課される義務

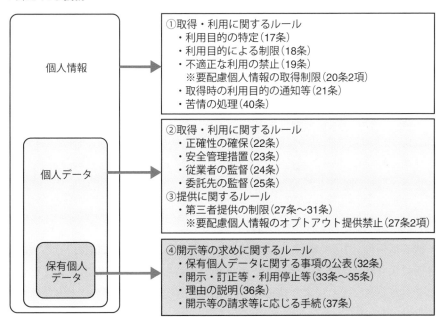

2-16 個人情報保護法-2
個人情報、個人データ、保有個人データとは何か

ここでは、個人情報保護法において基本的な概念である個人情報、個人データ、保有個人データについて解説します。

1 個人情報とは何か

(1) 個人情報とは

ここまで、個人情報保護法の概要を見てきましたが、ここからは最も基本的なカテゴリである「個人情報」とは何か、という点を解説していきます。

「個人情報」とは、以下のように定義されています。

> 生存する個人に関する情報であって、次の①②のいずれかに該当するもの。
> ①当該情報に含まれる氏名、生年月日その他の記述等により特定の個人を識別することができるもの（他の情報と容易に照合することができ、それにより特定の個人を識別することができることとなるものを含む。）
> ②個人識別符号が含まれるもの

まず、1つ目のポイントは生存する個人に関する情報であるということです。つまり、既に亡くなった人物の情報は個人情報には該当しません。

以下、①と②の情報を順に解説します。

(2) ①特定の個人を識別できる情報

個人情報の1つ目の類型は、「当該情報に含まれる氏名、生年月日その他の記述等により特定の個人を識別することができるもの（他の情報と容易に照合することができ、それにより特定の個人を識別することができることとなるものを含む。）」です。

まず、「当該情報に含まれる氏名、生年月日その他の記述等により特定の個人を識別することができるもの」という部分について解説します。

「特定の個人を識別」できるか否かが個人情報該当性の肝となりますが、「特定の個人を識別することができる」とは、社会通念上、一般人の判断力や理解力をもって、生存する具体的な人物と情報との間に同一性を認めるに至ること

ができること」をいうとされています［「個人情報の保護に関する法律についてのガイドライン」に関するQ&A（以下「Q&A」といいます）1-1］。

　なお、「個人」は日本国民に限らないため、居住地や国籍を問わず、日本にある個人情報取扱事業者及び行政機関等が取り扱う個人情報は、個人情報保護法による保護の対象となり得ます（Q&A1-6）。

　いくつか具体例を見ていきましょう。

・**氏名、顔写真**

　　当然、特定の個人を識別できるので個人情報に該当します。

・**携帯電話の電話番号、クッキー（Cookie）等の端末識別子**

　　いずれも、単体では個人自体の情報ではなく端末の情報です。したがって、単体では基本的に個人情報に該当しないと考えられます。ただし、個人情報と紐付けて管理される場合も多く、このような場合等で個人を識別できる場合には、個人情報に該当します。

・**メールアドレス**

　　メールアドレスも、電話番号や端末識別子と同様、個人それ自体の情報ではありません。ただ、たとえば、hanako.yamada@xxx.comといった形で、アドレスの中に氏名などの個人情報が含まれていることも多く、この場合には個人情報に該当します。また、電話番号と同様、氏名等と紐付けて管理すれば個人情報に該当します（Q&A1-4）。

・**位置情報**

　　「ある人が●月●日●時●分に渋谷駅にいた」といった情報は、個人に関する情報ではあるものの、通常はそれだけでは個人を識別できるものではありません。しかし、位置情報が長期間網羅的に蓄積した場合等は個人が推定可能となる場合もあります。また、移動履歴は、短期間のものでも、自宅、職場等の情報と等価になる場合もあります[1]。したがって、情報が集積する場合には個人情報に該当する場合もなくはないでしょう。

　　また、氏名等の情報と紐付けた場合に個人情報に該当するのはこれまでに述べた通りです。

---

[1]　総務省・スマートフォンアプリケーションプライバシーポリシー普及・検証推進タスクフォース「スマートフォン　プライバシー　イニシアティブⅢ」（平成29年7月10日）11頁。

- **通話内容の録音データ**

　通話内容に氏名等の個人情報を含んでいれば個人情報に該当しますが、そうでなければ、基本的に個人情報には該当しません。ただし、録音した音声から特徴情報を抽出し、声紋等により個人が識別可能なデータに変換した場合には、後述の個人識別符号として個人情報に該当する場合があります。

- **複数人の個人情報を機械学習の学習用データセットとして用いて生成した学習済みパラメータ**

　複数人の個人情報を機械学習の学習用データセットとして用いて生成した学習済みパラメータ（重み係数）は、学習済みモデルにおいて、特定の出力を行うために調整された処理・計算用の係数であり、当該パラメータと特定の個人との対応関係が排斥されている限り、「個人情報」に該当しないとされています（Q&A1-8）。

(3) 容易照合性

　個人情報の1つ目の類型は、「当該情報に含まれる氏名、生年月日その他の記述等により特定の個人を識別することができるもの（**他の情報と容易に照合することができ、それにより特定の個人を識別することができることとなるものを含む。**）」でしたが、ここからは括弧書きの部分を見ていきます。

　ポイントは、「情報同士を実際に紐付けて照合している場合だけではなく、照合が容易にできる場合にも、仮に照合した場合に個人を識別できれば個人情報に該当する」という点です。

　これは、取得した情報を後から加工する場合に特に問題になります。

　たとえば、オンラインショッピングのビジネスを展開している会社が、購買データを活用するケースを考えてみましょう。通常、こういった会社では、ID・氏名・住所・年齢・購買データ等の要素からなるデータを保有しています。これらの情報は、当然個人情報に該当します。

　では、これを個人情報ではなくした上で利活用することは可能でしょうか。こういったケースで壁になるのが、「**容易照合性**」です。

　たとえば、このデータの氏名・住所を削除し、年齢を「年代」に変換した場合、加工したデータは個人情報でしょうか。このような情報は、単体では個人を識別できないといえます。しかし、法律上はこのような情報も個人情報に該当し

ます。なぜなら、IDをキーに元データと「照合」できるからです。

▼「照合」できるので個人情報

元データ

ID	氏名	住所	年齢	購買データ
A11	山田太郎	東京都港区…	25	…
A12	佐藤花子	大阪府大阪市…	36	…
…	…	…	…	…

照合可能　加工データ

| | 削除 | 削除 | 加工 | |
ID	氏名	住所	年代	購買データ
A11	山田太郎	東京都港区…	20代	…
A12	佐藤花子	大阪府大阪市…	30代	…
…	…	…	…	

　このように、個人情報を含むデータから個人を切り離したとしても、個人情報と「容易に照合できる」ような場合には、なお個人情報に該当する点には注意が必要です。

　そして、もう1つ重要な視点として、「提供元基準」と呼ばれる考え方があります。これは、「個人情報を第三者に提供する場合、個人情報該当性は、提供先ではなく、提供元を基準に判断する」という考え方です。提供先（個人情報を受け取る側）からすると、自社では個人を識別し得ない情報であっても、提供元（提供する側）で識別可能であれば個人情報を提供したことになります。逆に言うと、提供元で個人情報に該当しなければ、提供先で個人情報に該当した場合であっても、個人情報の提供には該当しないということになります（このような場合については、後述する「個人関連情報」という概念で規制が及ぶことになります）。

　個人情報への該当性を判断する場合には、容易照合性と提供元基準の考え方が重要になる場合が多いので、しっかり押さえる必要があります。

(4) ②個人識別符号

　次に、個人情報の2番目の類型である個人識別符号を見ていきましょう。

　個人識別符号には、DNA等の生体情報と、パスポート番号などがあります。

　AIとの関係では、前者の生体情報が特に重要ですので、ここでは生体情報に関する個人識別符号についてのみ解説します。

　生体情報に関する個人識別符号は、具体的には、次に掲げる身体の特徴のいずれかを電子計算機の用に供するために変換した文字、番号、記号その他の符号であって、特定の個人を識別するに足りるものをいいます（施行令1条1号）。

①細胞から採取されたデオキシリボ核酸（別名**DNA**）を構成する塩基の配列
②顔の骨格及び皮膚の色並びに目、鼻、口その他の顔の部位の位置及び形状によって定まる容貌
③虹彩の表面の起伏により形成される線状の模様
④発声の際の声帯の振動、声門の開閉並びに声道の形状及びその変化
⑤歩行の際の姿勢及び両腕の動作、歩幅その他の歩行の態様
⑥手のひら又は手の甲若しくは指の皮下の静脈の分岐及び端点によって定まるその静脈の形状
⑦指紋又は掌紋

　特に、AIとの関係では、②が重要です。顔画像を解析して複数の顔画像の同一性を判断したり、年齢・性別を推定するような場合には、顔画像を**特徴量データ**というAIのみが識別できるデータに変換することがありますが、この特徴量データは、「顔の骨格及び皮膚の色並びに目、鼻、口その他の顔の部位の位置及び形状によって定まる容貌」を示す符号として個人識別符号に該当し得るからです。

2　個人データ・保有個人データとは何か

（1）個人データ

　「**個人データ**」とは、個人情報データベース等を構成する個人情報であるとされており、「個人情報データベース等」とは、個人情報を含む情報の集合物であって、**検索することができるように体系的に構成したもの**をいいます。

　したがって、個人情報を集め、検索可能な形で体系的に構成した場合には個人データに該当します。

　名刺を管理する場合を考えると、もらった名刺をそのままデスクに置いてお

いた場合、その情報は個人情報ではあるが個人データではありません。しかし、名刺をあいうえお順に並べ替えて束にしている場合、この名刺の束は個人データに該当します。また、名刺をエクセル等に入力して電子データ化した場合も、個人データに該当します。

AIの学習に使うデータセットは、個人データに該当することも多いでしょう。

(2) 保有個人データ

保有個人データとは、開示、内容の訂正、追加又は削除、利用の停止、消去及び第三者への提供の停止を行うことのできる権限を有する個人データをいいます。個人データのうち、単に委託を受けて預かっているに過ぎないデータなどを除けば、多くのデータは保有個人データにも該当することになるでしょう。

演習問題2-16

問題1

個人情報保護法についての説明として最も適切な選択肢を1つ選べ。

A　個人情報保護法における個人情報には、生存する個人の情報だけでなく、既に死去した故人の情報も含まれる。

B　個人情報保護法における個人情報取扱事業者は、営利企業に限定されず、NPO団体や町内会組織などもこれに含まれる。

C　個人を識別できないように情報を加工し、当該個人情報を復元できないようにした匿名加工情報であっても、本人の同意なく第三者提供することはできない。

D　指紋や声紋、DNA のデータなどは特別な技術を用いなければそれだけでは個人を特定できないことから、個人情報保護法における個人識別符号から除外されている。

解答　**B**

解説

A　個人情報保護法における個人情報は、生存する個人の情報に限定されるため、誤りです。

B　個人情報保護法は、個人情報を扱うすべての事業者が対象とされます。取り扱う事業の内容の営利性は問わないため、自治会・町内会、PTA、マンション管理組合、同窓会、サークル、NPO法人などの団体も個人情報保護法の対象になるため、正解です。

C　匿名加工情報は、本人の同意なく第三者提供することが可能であるため誤りです（この点は、2-18において解説します）。

D　指紋や声紋、DNAのデータなどは個人識別符号として個人情報に該当し得るので、誤りです。

問題2

　個人情報の保護に関する法律（個人情報保護法）の説明として、最も不適切な選択肢を1つ選べ。

A　メールアドレスのユーザー名及びドメイン名から特定の個人を識別することができる場合、そのメールアドレスは、それ自体が単独で個人情報に該当する。

B　個人情報は新聞やインターネット等で既に公表されているとしても、個人情報保護法の保護の対象となり得る。

C　外国に居住する外国人の個人情報は、個人情報保護法の保護の対象となり得る。

D　顧客との電話の通話内容を録音したものは、通話内容から特定の個人を識別することができない場合、顧客IDなどで顧客データベースと突合する事ができたとしても、個人情報に該当することはない。

解答　**D**

解説 ●●●

A　ユーザー名及びドメイン名から特定の個人を識別することができれば、単独で個人情報に該当します。

B　公表の有無は、個人情報該当性の判断に影響を与えません。

C　やや細かいですが、個人情報の「個人」は日本国民に限定されません。

D　顧客IDなどで顧客データベースと突合することができれば、個人情報と「容易に照合できる」といえるため、個人情報に該当します。Dは誤りです。

2-17 個人情報保護法-3
個人情報、個人データ、保有個人データの規制

ここでは、個人情報、個人データ、保有個人データについて、それぞれどのような規制がなされるかを解説します。

1 個人情報・個人データ・保有個人データの規制の概要

　個人情報・個人データ・保有個人データにそれぞれどのような規制がかかるのかを見ていきます。

　2-15で、個人情報保護法を理解するためには、①情報のカテゴリを理解することと、②規制を受ける場面を整理することが重要であると述べました。個人情報／個人データ／保有個人データという情報のカテゴリと、情報の取得・利用の場面／情報を第三者に提供する場面／本人から情報の開示等を請求される場面という規制の場面をふまえると、規制の概要は以下の通りです（2-15に掲載した図の再掲です）。

▼個人情報・個人データ・保有個人データの規制の概要

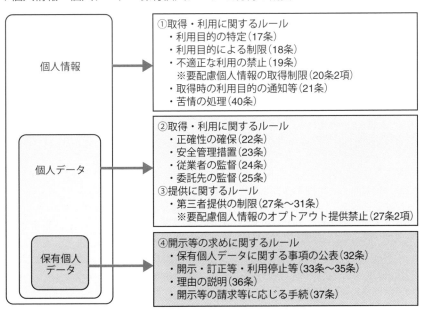

以下、それぞれの規制のうち、主なものについてかんたんに解説します[1]。

2 　個人情報についての規制

(1) 利用目的の特定等（17条・18条・21条・20条2項）

　個人情報を取り扱うにあたっては、利用目的をできる限り特定する必要があります。この利用目的の変更は、変更前の利用目的と関連性を有すると合理的に認められる範囲でのみ可能で、この範囲を超える場合には本人から同意を得る必要があります。原則として、あらかじめ本人の同意を得ることなくこの利用目的を超えて個人情報を取り扱うことはできません[2]。

　そして、この利用目的は、あらかじめ公表するか、速やかに通知又は公表する必要があります。

　なお、通常の個人情報は、取得の際に本人の同意までは不要で、利用目的の通知又は公表を行えば足りますが、要配慮個人情報の場合、取得には本人の同意が必要になります。

1　G検定を実施する一般社団法人日本ディープラーニング協会は、AIデータの利活用に関する問題を研究するための研究会「AIデータと個人情報保護」を設置している。同研究会では、研究の成果として報告書[「AIデータにおける個人情報取扱いのためのナビゲーション—顔画像データ」(2022年7月)]を公表しており、AIデータの利活用時にポイントとなる個人情報保護法の規制を、フローチャート等を用いて解説しているため、必要に応じて参照されたい。

2　なお、単に「お客様のサービスの向上」といった抽象的・一般的な内容では、できる限り特定したことにはならないと解されている点には注意が必要である。特に、本人に関する行動・関心等の情報を分析する処理（いわゆる「プロファイリング」）のような、本人が合理的に予測・想定できないような個人情報の取扱いを行う場合には、このような取扱いを行うことを含めて、利用目的を特定する必要がある。たとえば、ウェブサイトの閲覧履歴や購買履歴等の情報を分析して、本人の趣味・嗜好に応じた広告を配信する場合や、行動履歴等の情報を分析して信用スコアを算出し、当該スコアを第三者へ提供する場合には、分析処理を行うことを含めて、利用目的を特定する必要がある（Q&A2-1）。

2

(2) 不適正な利用の禁止等（19条・20条1項）

個人情報は、偽りその他不正の手段により取得してはなりません。

また、違法又は不当な行為を助長し、又は誘発するおそれがある方法により個人情報を利用してはなりません。これは、2022年に施行された改正個人情報保護法で新設された規定です。これまでは、取得について不正の手段により行ってはならないという規定はありましたが、利用については同種の規定はありませんでした。しかし、官報で公開されている破産者の情報を集めて「破産者マップ」を公開するという事例が問題視されたことなどの経緯があり、不適正な利用についても規制されることになりました。

(3) 苦情の処理（40条）

個人情報の取扱いに関する苦情の適切かつ迅速な処理に努め、かつ、そのために必要な体制の整備に努めなければならないとされています（努力義務）。

3 ┃ 個人データについての規制

(1) 個人データの取得・利用に関する規制

■データの正確性の確保等（22条）

個人データを正確かつ最新の内容に保つとともに、利用する必要がなくなったときは、当該個人データを遅滞なく消去するよう努めなければならないとされています（努力義務）。

■安全管理措置（23条）

取り扱う個人データの漏えい、滅失又は毀損の防止その他の個人データの安全管理のために必要かつ適切な措置を講じなければなりません。具体的には、個人データの適正な取扱いを確保するための基本方針の策定のほか、個人データの取扱いに係る規律の整備、組織的・人的・物理的・技術的安全管理措置、外的環境の把握が求められます。

■従業者・委託先の監督（24条・25条）

従業者に個人データを取り扱わせるにあたっては、当該従業者に対する必要かつ適切な監督を行わなければなりません。

また、個人データの取扱いの全部又は一部を委託する場合は、委託を受けた者に対しても必要かつ適切な監督を行わなければなりません。

個人情報保護法

(2) 個人データの提供に関する規制

■第三者提供の制限（27条1項〜4項）

　個人データを第三者に提供する場合には、原則として本人の同意が必要です（オプトイン）。

　ただし、以下の条件を満たす場合には、例外的に本人の同意なく第三者提供が可能です（オプトアウト）。ただし、**要配慮個人情報については、オプトアウト方式による第三者提供は認められていません。**

> ・ 本人の求めに応じて当該本人が識別される個人データの第三者への提供を停止することとしていること
> ・ 第三者に提供される個人データの項目など、一定の事項をあらかじめ本人に通知等していること
> ・ 個人情報保護委員会に届け出ること

　なお、第三者提供にあたっては、**提供元は提供年月日や提供先の情報など一定の事項の記録義務を負います（29条）。また、提供先は、**個人データの取得の経緯などの確認義務・記録義務を負います。

■第三者提供に該当しない場合（27条5項）

　個人データの第三者提供には原則として同意が必要ですが、次の場合には、「第三者」への提供に該当せず、同意は不要であるとされています。

> ・ 利用目的の達成に必要な範囲内において個人データの取扱いの全部又は一部を委託することに伴って当該個人データが提供される場合
> ・ 合併その他の事由による事業の承継に伴って個人データが提供される場合
> ・ 特定の者との間で共同して利用される個人データが当該特定の者に提供される場合であって、共同して利用される個人データの項目等一定の事項の本人への通知等がなされている場合

　AIとの関係で特に重要なのは、1点目の委託と3点目の共同利用です。

2

　まず、委託については、AIの開発や運用を第三者に委託するような場合に用いられます。AIの開発や運用は、自社で単独で行えず、専門性を有するAIベンダーに委託することも多くあります。その際、ユーザー企業が持っている個人データを学習データに使うときに、学習を行うベンダーに個人データを委託するという構成でデータを提供すれば、本人の同意なく提供が可能です。ただし、委託の場合には、**あくまでユーザー企業の利用目的の達成に必要な範囲内でのみ個人情報の利用が可能である点**には留意が必要です。また、委託元には委託先を監督する義務があります。

　次に、共同利用については、複数者間でAIの開発や運用を共同して行うような場合に用いられる場合があります。たとえば、東京都渋谷区内の、別法人が経営する複数の書店間書店内において発生する万引き等の犯罪事犯への対応のために、防犯カメラの画像等を共同利用する事例が公開されています（渋谷書店万引対策共同プロジェクト）。

■外国にある第三者への提供（28条）

　外国にある第三者への提供（越境移転）の場合には、個人データの第三者提供についての同意のほか、**外国にある第三者に提供することへの同意が原則として必要**です。同意を得る際には、**移転先の国名や当該国の個人情報保護に関する制度等について情報提供をしなければなりません**。なお、オプトアウト・委託・共同利用といったスキームで個人情報を提供する場合、国内であれば同意は不要ですが、越境移転についての同意は必要です。

　ただし例外的に同意が不要な場合もあります。主な例外は以下の2つです[注]。

- 外国にある第三者が、日本と同水準の個人情報保護制度を有している国にある場合
- 提供先の第三者が、日本の個人情報保護法に基づき求められる措置の実施が確保されているなど、相当措置を継続的に講ずるために必要な体制を整備している場合

注　詳細については割愛します。より詳しく知りたい人は、「個人情報の保護に関する法律についてのガイドライン（外国にある第三者への提供編）」をご参照ください。

■クラウドサービス利用時の注意点

　個人データをクラウド環境に保存する場合で、クラウドサービスを提供する事業者において個人データを取り扱うこととなっている場合には、クラウド環境への保存が、個人データの委託や第三者提供に該当し得ます。

　契約条項によって当該外部事業者がサーバーに保存された個人データを取り扱わない旨が定められており、適切にアクセス制御を行っている場合等には、クラウドサービスを提供する事業者において個人データを取り扱うこととなっているとはいえず、クラウドサービスを利用していても、委託や第三者提供には該当しません。

　したがって、個人データの保管や管理にクラウドサービスを利用する場合には、クラウドサービスを提供する事業者との契約条項の確認が重要になります。

　なお、クラウドサービスの利用が委託や第三者提供に該当しない場合であっても、各事業者は、個人データの保管について安全管理措置を講じなければなりません。クラウドサービスを提供する事業者のサーバーが外国にある場合には、安全管理措置を講じる前提として当該外国の個人情報の保護に関する制度等を把握することも求められるため、注意が必要です（保有個人データに該当する場合には、公表等も必要になります）。

4 | 保有個人データについての規制

　保有個人データについては、開示等の求めに関する規制が課されます。

（1）開示請求（33条）

　本人は、自己が識別される保有個人データの開示を請求することが可能です。事業者は、請求者の保有個人データが存在しない場合等、一定の場合を除くこの請求に応じなければなりません。

(2) 訂正等・利用停止等の請求（34条・35条）

本人は、事業者に対し、以下の請求をすることが可能な場合があります。

> ・ **内容の訂正、追加又は削除（訂正等）**
> 保有個人データの内容が事実でないときに請求が可能です。
> ・ **利用の停止又は消去（利用停止等）**
> 保有個人データが目的外に利用されたとき等に請求が可能です。
> ・ **第三者提供の停止**
> 個人情報保護法に違反して第三者に提供されているとき等に請求が可能です。

(3) 請求の法的性質（39条）

以上の本人からの請求権は、法的な請求権であると考えられており、請求から2週間を経過した場合等は、本人は訴訟提起が可能です。

(4) 保有個人データに関する事項の公表等の義務（32条）

以上の請求権の行使のため、事業者には、保有個人データについて、自社の法人名・住所・代表者名のほか、利用目的、開示請求等の各種請求に応じる手続き、保有個人データの安全管理措置の内容等について本人の知り得る状態に置く義務を負います（本人の求めに応じて遅滞なく回答する形も可能です）。

5　未成年の同意についての問題

以上、個人情報・個人データ・保有個人データそれぞれに課される義務を見てきましたが、個人データの第三者提供の場面などで、本人の「同意」を得ることが義務付けられている場合があります。この同意は、誰もが単独でできる訳ではなく、一般的には12歳から15歳までの年齢以下の子供については、単独で同意はできず、法定代理人等から同意を得る必要があるとされていますので、留意が必要です（Q&A1-62）。

演習問題2-17

問題1

　モデル生成のために収集したデータが個人情報である場合には慎重な配慮が必要である。この配慮に関する説明として、個人情報保護法に照らして最も不適切な選択肢を1つ選べ。

A　個人情報を取り扱う際には、利用目的をできる限り特定する必要がある。

B　個人情報を取得した際の利用目的について、たとえば、実装段階で利用目的が変更になる場合、事前又は事後速やかに本人の同意が必要となる。

C　要配慮個人情報を除き、個人情報を取得した場合、あらかじめその利用目的を公表しておけば、再度本人にその利用目的を通知する必要はない。

D　個人情報取扱事業者には、安全管理措置や従業員・委託先の監督について、努力義務ではなく法律上の義務が規定されている。

解答　**B**

解説

　利用目的の変更は、変更前の利用目的と関連性を有すると合理的に認められる範囲でのみ可能で、この範囲を超える場合には本人から同意を得る必要があります。原則として、あらかじめ本人の同意を得ることなくこの利用目的を超えて個人情報を取り扱うことはできません。同意はあらかじめ取得する必要があり、「事後速やかに」取得することができないためBは誤りです。その他の選択肢には誤りはありません。

2-18 個人情報保護法-4 その他の情報カテゴリ
（要配慮個人情報、仮名加工情報、匿名加工情報、個人関連情報）

前節では、基本的な概念である個人情報、個人データ、保有個人データを解説しました。ここでは、その他の情報カテゴリ（要配慮個人情報、仮名加工情報、匿名加工情報、個人関連情報）を解説します。

1 はじめに

　ここまでに解説した個人情報・個人データ・保有個人データについての規制が、まず抑えるべき個人情報保護法の基礎といえるでしょう。ここからは、やや応用的な特殊なカテゴリについて見ていきます。応用的ではありますが、AIの利活用にあたっては重要なものばかりですので、しっかり押さえておく必要があります。

　具体的には、要配慮個人情報・匿名加工情報・仮名加工情報・個人関連情報について見ていきます。

▼要配慮個人情報・匿名加工情報・仮名加工情報・個人関連情報

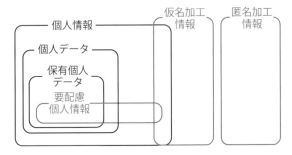

2 要配慮個人情報

　要配慮個人情報とは、本人の人種、信条、社会的身分、病歴、犯罪の経歴、犯罪により害を被った事実その他本人に対する不当な差別、偏見その他の不利益が生じないようにその取扱いに特に配慮を要するものとして政令で定める記述等が含まれる個人情報をいいます。医療データなど、AI利活用にあたって利用し得るデータも含まれているため注意が必要です。

要配慮個人情報については、通常の個人情報に加え、以下の規制が課されます。

・原則として、あらかじめ本人の同意を得ないで、要配慮個人情報を取得してはならない。

通常の個人情報は、取得時に利用目的を通知又は公表していれば足り、同意までは不要でした。これに対し、要配慮個人情報は、取得時に本人から同意を得る必要があるのです。

・オプトアウトの方法による第三者提供ができない。

通常の個人情報は、オプトアウトの手続きで個人データを第三者に提供することができました。しかし、要配慮個人情報は、オプトアウトの方法では第三者提供をすることはできないとされています。

3 匿名加工情報・仮名加工情報

(1) 個人情報の加工

個人情報を含むデータの利用には、これまで見てきたようにさまざまな制約が生じます。取得時に通知又は公表した利用目的の範囲内でしか利用できませんし、第三者への提供は原則として本人の同意が必要です。

そこで、個人情報を含むデータについて、氏名を削除するなどの加工を行った上で、当初の利用目的を超えて利用したり、データを自由に流通したりできないか、という疑問が生じます。ここでは、このように個人情報を加工した場合の取扱いについて見ていきます。

■統計情報

複数人の情報から共通要素に係る項目を抽出して同じ分類ごとに集計等して得られる情報は、統計情報と呼ばれます。一般に、統計情報は特定の個人との対応関係が排斥されているため、個人情報に該当しません。また、一般に、そもそも個人に関する情報に該当しないため、個人情報保護法の対象外となり、自由な利用が可能です。

しかし、統計情報になるまで情報を抽象化してしまうと、データに含まれる重要な特徴量が失われ、AIの学習に使えないデータとなってしまうことが多いでしょう。そこで、統計化するまでの加工は行わずに、データを利活用できないかの検討が必要になります。

2

■加工の壁となる容易照合性

　個人情報を含むデータの加工の出発点として、**容易照合性**について復習します。

　2-16で解説した通り、「**他の情報と容易に照合することができ、それにより特定の個人を識別することができることとなるもの**」は個人情報に該当します。そうすると、個人情報を含まれるデータについて、氏名の削除などの加工をしたとしても、加工前のデータを保持している限り、結局は加工前のデータと容易に照合できるため、加工後のデータも個人情報に該当する、ということが少なくありません。

　これから解説する匿名加工情報・仮名加工情報の理解の前提として、この容易照合性の問題を押さえておく必要があります。

■匿名加工情報と仮名加工情報のイメージ

　匿名加工情報と仮名加工情報の位置付けについては、下図のようなイメージを持つと良いでしょう。ポイントは以下の2点です。

> ・ 匿名加工情報の方が、仮名加工情報より求められる加工の度合いが高い。
> ・ 匿名加工情報は、比較的自由に第三者提供ができ、情報の流通が予定されている。他方、仮名加工情報は第三者提供が原則として禁止されており、事業者内部での利活用が想定されている。

▼匿名加工情報と仮名加工情報の位置付け

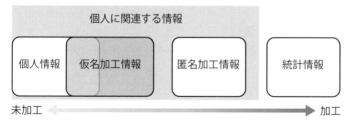

　以下、匿名加工情報と仮名加工情報についてもう少し詳しく解説します。

（2）匿名加工情報

　匿名加工情報とは、特定の個人を識別することができないように個人情報を加工して得られる個人に関する情報であって、当該個人情報を復元することが

個人情報保護法

できないようにしたものをいいます。

■匿名加工情報に必要な加工

匿名加工情報には、以下のような加工が必要になります[1]。

①特定の個人を識別することができる記述等の削除

たとえば、氏名、住所、生年月日が含まれる個人情報を加工する場合には、当該情報の削除や、住所を「○○県△△市」といった情報に置き換える等の加工が必要になります。

②個人識別符号の削除

個人識別符号が含まれる場合には、これを削除する必要があります。

③情報を相互に連結する符号の削除

容易照合性が認められると個人情報に該当してしまうため、たとえば、管理用IDをキーに個人情報と突合できる場合には、その管理用IDを削除する必要があります。

④特異な記述等の削除

たとえば、症例数の極めて少ない病歴を削除することや、年齢が「116歳」という情報を「90歳以上」に置き換えることなどが要請されます。しかし、珍しい特徴はAIの開発において重要である場合も多く、特異な記述等の削除が必要になることは、AIの開発への情報の利活用を考える際には、障害となる可能性があります。

⑤個人情報データベース等の性質をふまえたその他の措置

■匿名加工情報として扱う場合の義務

情報を匿名加工情報として扱う場合、以下のような義務が課されます。本書ではそれぞれの義務について立ち入った解説は行いませんが、一定の事項を公表すれば、同意なく第三者提供が可能になります。

1　匿名加工の方法については、経済産業省から「事業者が匿名加工情報の具体的な作成方法を検討するにあたっての参考資料（「匿名加工情報作成マニュアル」）Ver1.0」（平成28年8月）が公表されており、参考になる。

- ・匿名加工情報を作成するときは、適正な加工を行わなければならない。
- ・匿名加工情報を作成したときは、加工方法等の情報の安全管理措置を講じなければならない。
- ・匿名加工情報を作成したときは、当該情報に含まれる情報の項目を公表しなければならない。
- ・匿名加工情報を第三者提供するときは、提供する情報の項目及び提供方法について公表するとともに、提供先に当該情報が匿名加工情報である旨を明示しなければならない。
- ・匿名加工情報を自ら利用するときは、元の個人情報に係る本人を識別する目的で他の情報と照合することを行ってはならない。
- ・匿名加工情報を作成したときは、匿名加工情報の適正な取扱いを確保するため、安全管理措置、苦情の処理などの措置を自主的に講じて、その内容を公表するよう努めなければならない。

(3) 仮名加工情報
■仮名加工情報に必要な加工

　仮名加工情報は、以下のような加工が必要になります。求められる加工が匿名加工情報よりも少なく、個人情報との容易照合性が認められる場合も仮名加工情報に該当し得る（つまり、個人情報に該当する情報も仮名加工情報となり得る）点がポイントです。

①特定の個人を識別することができる記述等の削除
②個人識別符号の削除
　　①②については、匿名加工情報と同様です。
③不正に利用されることにより財産的被害が生じるおそれのある記述等の削除
　　たとえば、クレジットカード番号の削除や、送金や決済機能のあるウェブサービスのログインID・パスワードの削除といった加工が求められます。

個人情報保護法

■**仮名加工情報として扱う場合の義務**

　仮名加工情報についても、これを作成する事業者と、作成された仮名加工情報を扱う事業者に分けて義務が課されます。個人情報に該当する場合であっても仮名加工情報に該当し得るため、仮名加工情報には「個人情報に該当する仮名加工情報」と「個人情報に該当しない仮名加工情報」の2種類があり、規制が少し異なります。

　ここでは、具体的な規制をすべて解説することはしませんが、匿名加工情報と同様、適正な加工を行う義務や一定の事項の公表義務があることに加え、以下の点が重要です。

> ・ 仮名加工情報は、事業者内での利活用を想定しているため、原則として第三者に提供してはならない。
> ・「個人情報に該当する仮名加工情報」について、個人情報・保有個人データに適用される仮名加工情報である個人データ及び仮名加工情報である保有個人データについては、次の規定を適用しない。
>   ・ 利用目的の変更の制限（法第17条第2項）
>   ・ 漏えい等の報告及び本人通知（法第26条）
>   ・ 保有個人データに関する事項の公表等、及び保有個人データの開示・訂正等・利用停止等への対応等（法第32条から第39条まで）

　個人情報は、取得に先立ち通知又は公表した利用目的を変更する場合には原則として本人の同意が必要ですが、**仮名加工情報は利用目的の変更についての本人の同意が不要とされる**ため、事後的に利用目的を変更して利用することができる点が仮名加工情報の最大のメリットです。

(4) 個人関連情報
■**個人関連情報とは**

　個人関連情報とは、生存する個人に関する情報であって、個人情報、仮名加工情報及び匿名加工情報のいずれにも該当しないものをいいます。図にすると以下のようなイメージであり、かなり広い概念です。

▼個人関連情報

生存する個人に関連する情報

　個人関連情報は、第三者に提供する場合、提供先の第三者が個人関連情報を個人データとして取得することが想定されるときは、提供元は、原則として、提供先が本人の同意を得ていることを確認しなければなりません。つまり、提供先が本人から同意を取得していない場合には、個人関連情報の提供は原則としてできない、ということになります。

演習問題2-18

問題1　

　製造業、流通業、サービス業におけるAI活用に関する個人属性や行動特性に関する法律やガイドラインについて、最も不適切な選択肢を1つ選べ。

A　2017年施行の改正個人情報保護法において、特定の個人を識別することができないよう加工された「匿名加工情報」制度が創設された。

B　匿名加工情報を作成するための具体的な手順や方法に関するマニュアルは、まだ1つも策定されていない。

C　カメラ画像の利活用促進のために「カメラ画像利活用ガイドブック」が定められている。

D　要配慮個人情報でオプトアウト手続きによる第三者提供を例外なく認めていない。

2

解答　B

解説 ••

A　正しい。
B　経済産業省から「事業者が匿名加工情報の具体的な作成方法を検討するにあたっての参考資料（「匿名加工情報作成マニュアル」）Ver1.0」（平成28年8月）が公表されるなどしており、1つも策定されていないというのは誤りです。
C　正しい。
D　正しい。

問題2

特定の個人を識別することができないように個人情報を加工し、当該個人情報を復元できないようにした情報を匿名加工情報という。この匿名加工情報を取り扱う事業者に課せられる義務の理解として、最も不適切な選択肢を1つ選べ。

A　事業者が匿名加工情報を作成したときは、匿名加工情報に含まれる個人に関する情報の項目を公表しなければならない。
B　事業者が匿名加工情報を作成して第三者提供するときは、提供先の事業者名を公表しなければならない。
C　事業者が匿名加工情報を自ら利用するときは、元の個人情報に係る本人を識別する目的で他の情報と照合することを行ってはならない。
D　匿名加工情報を作成したときは、安全管理措置、苦情処理の方法、その内容の公表について、自主的に措置を講ずるよう努めなければならない。

解答　B

解説 ••

公表すべき事項に「提供先の事業者名」は含まれていないので誤りです。その他の選択肢は、やや細かい内容も含まれていますが、いずれも正しい記述です。

2-19 個人情報保護法-5
医療情報・カメラ画像

ここでは、データの種類に着目し、医療情報とカメラ画像について解説します。

2

1 医療情報 ― 次世代医療基盤法

（1）医療情報利活用の問題点

　医療情報は、新薬や新しい治療法の開発等の利活用の可能性が非常に大きい情報です。しかし、医療情報の多くが要配慮個人情報に該当し得ることもあり、利活用が十分に進んでいませんでした。

（2）次世代医療基盤法

　医療情報の利活用を推進するために、「医療分野の研究開発に資するための匿名加工医療情報に関する法律」（次世代医療基盤法）が制定されています。やや応用的な話になるため詳細の解説は割愛しますが、この法律では、「医療機関が、法律に基づいて認定された認定事業者に患者の個人情報を提供し、認定事業者等がこれを匿名加工して利活用する」という方法が認められています。

▼次世代医療基盤法

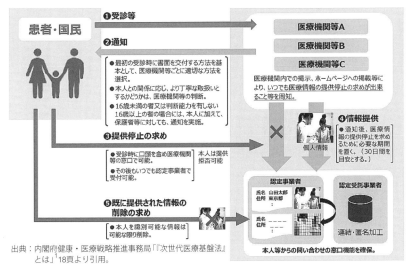

出典：内閣府健康・医療戦略推進事務局『『次世代医療基盤法』とは』[1]18頁より引用。

1　https://www8.cao.go.jp/iryou/gaiyou/pdf/seidonogaiyou1.pdf

個人情報保護法

次世代医療基盤法のポイントは、「医療機関から認定事業者への医療情報の提供は、患者の同意までは不要で、オプトアウトにより行える」という点です。

2 カメラ画像

(1) カメラ画像の特殊性

　AI技術の発達によって、カメラに映った人の顔画像から、マスク着用の有無や年齢・性別の解析等を行うことができるようになってきました。このようなカメラ画像についても、顔などが写り込んで個人が識別可能であれば個人情報に該当し得ます。また、AIにより顔画像を解析する際、顔画像から人物の目、鼻、口の位置関係等の特徴を抽出し、数値化したデータ（特徴量データ）を利用することが多くありますが、このデータは「顔の骨格及び皮膚の色並びに目、鼻、口その他の顔の部位の位置及び形状によって定まる容貌」を電子計算機の用に供するために変換した符号（個情法施行令1条1号ロ）として個人識別符号（個情法2条1項2号）に該当し得ます。

　カメラ画像の取扱い時の問題として、プライバシー権や肖像権への配慮の必要性が高いことも挙げることができます。すなわち、AIの解析技術の向上により、カメラに写り込んだ人の望まない形での利活用がなされ得る危険が大きくなっており、プライバシー権や肖像権を侵害する可能性が特に高い場合があり得るのです。

　このようなカメラ画像の特殊性をふまえ、IoT 推進コンソーシアム・総務省・経済産業省から「カメラ画像利活用ガイドブック ver3.0」が出されています。このガイドブックは、あくまで「ガイドブック」でありそれ自体が法的義務を課すものではありませんが、個人情報保護法の遵守とプライバシー権への配慮等を行うにあたり、非常に重要な指針となります。

(2) カメラ画像利活用ガイドブック

　カメラ画像利活用ガイドブックでは、事業者が留意すべき基本原則やコミュニケーションの配慮といったことのほか、企画時・設計時・事前告知時・取得時・管理時・継続利用時といったそれぞれの時点ごとに事業者が配慮すべき事項を定めています。

　たとえば、事前告知時・取得時には、取得するカメラ画像の内容及び利用目

的のほか、運用実施主体の情報、情報を取得される個人に生じるメリット等のさまざまな事項を告知すること、告知にあたってはイラスト等の活用や多言語化への対応を行うことなどが定められています。

なお、カメラ画像利活用ガイドブックは、防犯目的や公共目的で取得されるカメラ画像の取扱いについては、本ガイドブックでは検討の対象として取り上げていないが、当該目的での取扱いの際にも本ガイドブックの記載内容が参考になります。また、カメラ画像利活用ガイドブックの付属文書として、「民間事業者によるカメラ画像を利活用した公共目的の取組における配慮事項～感染症対策のユースケースの検討について～」が公開されており、新型コロナウイルス等の感染症対策のために混雑状況把握・マスク着用率計測等を行う場合等の配慮事項について定めています。

演習問題2-19

問題1

カメラ画像の取扱い方に関する説明として、個人情報の保護に関する法律（個人情報保護法）上、最も適切な選択肢を1つ選べ。

A 特徴量データ（取得した画像から人物の目、鼻、口の位置関係等の特徴を抽出し、数値化したデータ）は、個人情報にあたる。

B 属性情報（画像データから機械処理で推定した、性別や年代等の情報）は、個人情報にあたる。

C カウントデータ（カメラ画像から形状認識技術等を基に人の形を判別し、その数量を計測したデータ）は、個人情報にあたる。

D 処理済データ（カメラ画像にモザイク処理等を施し、特定の個人が識別できないように加工したデータ）は、個人情報にあたる。

解答 A

解説 ••

特徴量データは、個人識別符号として個人情報に該当し得るため、正解はAです。その他の情報は、単体では、個人を識別し得ないため個人情報には該当し得ません。

2-20 個人情報保護法-6
海外の個人情報保護制度

ここでは、GDPRを中心に、海外の個人情報保護制度について概観します。

1 海外の個人情報保護制度の把握の必要性

　個人情報保護法上、個人情報取扱事業者が、外国において個人データを取り扱う場合、安全管理措置を講じる前提として当該外国の個人情報の保護に関する制度等を把握する必要があります。

　また、外国にある第三者に個人データを提供する際には、本人から同意を得るにあたって、当該外国における個人情報の保護に関する制度に関する情報を提供することが義務付けられています（規則17条2項）。

　このように、個人情報を海外に移転する場合には、移転先の国の個人情報保護制度を把握する必要が生じる場面がいくつかあります。これを受けて、個人情報保護委員会では、40の国及び地域について、個人情報保護制度についての調査結果を公表しています[1]。

2 GDPRの概要

　GDPRとはGeneral Data Protection Regulation（一般データ保護規則）の略で、EU［EU加盟国及び欧州経済領域（EEA）の一部］域内の個人データ保護を規定する法です。GDPRを日本の個人情報保護法と比較すると、①GDPRの方が、保護が及ぶ範囲が広い部分がある、②データポータビリティ権など日本にない権利が定められている、③データ保護責任者の配置等の日本の個人情報保護法にはない義務が定められている、④データ移転に関して厳しい制限がある、⑤高額な制裁金がある、といった特徴があります[2]。

　以下、この特徴のうち①〜④についてかんたんに解説します。

1　2022年6月12日時点。個人情報保護委員会のWebページで公表されている「外国における個人情報の保護に関する制度等の調査（報告書）（令和3年11月）」及び「外国における個人情報の保護に関する制度等の調査（報告書）（令和4年3月）」参照。
2　宮下紘「規制の特徴と対応」（ビジネス法務2017年8月号）17頁参照。

2

(1) 保護が及ぶ範囲

■保護される「個人データ」

　GDPRでは、基本的に「個人データ」について保護が及びますが、ここでいう「個人データ」とは、識別された自然人又は識別可能な自然人（「データ主体」）に関する情報を意味します（GDPR4条[3]）。識別可能な自然人とは、特に、氏名、識別番号、位置データ、オンライン識別子のような識別子を参照することによって、又は、当該自然人の身体的、生理的、遺伝的、精神的、経済的、文化的又は社会的な同一性を示す1つ又は複数の要素を参照することによって、直接的又は間接的に、識別され得る者をいう、とされており、**クッキー(Cookie)情報等の識別子や位置情報も個人データに該当し得ます。**

■域外適用

　GDPRは、EUに事業所を設置している企業だけでなく、①EUの個人に商品・サービスの提供を行っている場合や、②EU域内の個人の行動を監視している場合にも適用されます（GDPR3条2項）。

(2) 個人 (データ主体) の権利

　個人には、企業が保有する自己の個人データにアクセスしたり、訂正や削除を請求する等の権利（GDPR19条）のほか、事業者が保有する自己の個人データを別の事業者に転送してもらうという**データポータビリティ権**（GDPR20条）、AIによる自動化された一定の決定の対象とされないという**プロファイリングされない権利**[4]（GDPR22条）等が認められています。

(3) 事業者に課せられる主な義務

　GDPRでは、データ保護オフィサー（第4節）を配置しなければなりません。また、EU域内に拠点のない事業者は、代理人を選任する必要があります（GDPR37条）。

　このほか、個人データの漏えい等の事案が発生した場合の発覚から72時間以内の監督機関への通知義務（33条）、データ処理の記録の保存義務（30条）等の

個人情報保護法

3　以下、条文の内容は、個人情報保護委員会のホームページに掲載されている仮日本語訳を参照している。

4　具体的には、「データ主体に関する法的効果を発生させる、又は、当該データ主体に対して同様の重大な影響を及ぼすプロファイリングを含むもっぱら自動化された取扱いに基づいた決定の対象とされない権利を有する」とされている。

義務が定められています。

(4) 越境移転の規制

　EU域内から越境して個人データを移転する場合、まず、「十分性認定」を受けた国・地域以外には原則として個人データを移転できません（GDPR45条）。ただし、例外として、適切な保護措置を施した移転の場合（GDPR46条）と、特定の状況における例外が認められる場合（GDPR49条）には、十分性認定がなくても越境移転が可能です。

　日本は十分性認定を受けているので、一定の条件下で日本への越境移転が可能ですが、その場合には「個人情報の保護に関する法律に係るEU域内及び英国から十分性認定により移転を受けた個人データの取扱いに関する補完的ルール」が適用される点に注意が必要です。

2

演習問題2-20

問題1

2018年5月に適用開始されたEU一般データ保護規則（GDPR）に関する説明として、最も適切な選択肢を1つ選べ。

A GDPRはEEA 域内に事業展開している日本企業の現地法人は対象となるが、EEA内で収集したデータの管理と分析を日本国内のみで行っている場合は規制の対象とはならない。

B GDPRは前身であるEUデータ保護指令に比べてより広い意味での個人情報をカバーしているが、具体的な適用・制裁内容は各加盟国の個人データ保護法に委ねられている

C GDPR は個人情報として個人の名前や住所、クレジットカード情報、メールアドレスを含めるだけでなく、位置情報やCookie情報も個人情報とみなしている。

D GDPRは個人情報の自動化された処理に基づいたプロファイリングに強い規制を課す一方で、データポータビリティの権利については、現状は認めていない。

解答　C

解説 ....

A GDPRは、EUに事業所を設置している企業だけでなく、①EUの個人に商品・サービスの提供を行っている場合や、②EU域内の個人の行動を監視している場合にも適用されます。したがって、Aは不適切です。

B GDPRはEU域内の個人データ保護を規定する法であり、具体的な適用・制裁内容もGDPRに規定されているため、Bは不適切です。

C GDPRでは、クッキー（Cookie）情報等の識別子や位置情報も同法で保護される個人データに該当し得ます。したがって、Cの内容は適切です。

D GDPRはデータポータビリティの権利についても認めているため、Dは不適切です。

個人情報保護法

2-21 独占禁止法

> ここでは、データやAIの利用が競争にどのような影響を与えるかについて、独占禁止法の観点から解説します。

1 はじめに

　急速なAI・IoT技術の進展により、多くの事業者がデータやAIを利用して事業活動を行うようになっています。たとえば、デジタル・プラットフォーム事業者が、ウェブサイトの閲覧履歴や商品購入履歴等のパーソナルデータを大量に収集しターゲティング広告に活用しています。また、商品やサービスの価格設定や検索サービスにおいて、自社商品を上位表示するためにAIが利用されています。

　このようにデータやAIの利活用が進む一方で、競争上の懸念も生じています。たとえば、デジタルプラットフォーム事業者が多くのデータを蓄積し、データの独占化が進むと、新規参入者がこれと同様のデータを収集することが難しくなり、結果として新規参入が阻まれ、競争者が増えない（または減る）事態が生じ得えます[1]。その他、競争事業者同士がAIを利用して特定の商品やサービスの値段を決めてしまうと、価格競争が行われなくなることが懸念されています。

　本節では、データやAIの利活用が競争環境に与える影響を踏まえ、デジタル市場において独占禁止法上問題となる論点について解説します。

2 独占禁止法の規制

(1) 独占禁止法の目的

　私的独占の禁止及び公正取引の確保に関する法律（以下「独禁法」といいます。）の目的は、**自由競争を阻害する行為を禁止**することで公正かつ自由な競争を促進し、ひいては**一般消費者の利益を保護**すること等にあります。

1　公正取引委員会競争政策研究センター　データと競争政策に関する検討会「報告書」
　（2017年6月6月）13頁〜19頁参照。
　https://www.jftc.go.jp/cprc/conference/index_files/170606data01.pdf

2

　事業者は、事業活動を行う中で互いに競争をしています。公正かつ自由な競争が維持された市場では、事業者は自社の商品やサービスをより多く売るため、価格を安くしたり、品質を向上させるための努力をします。このような努力がなされると、価格や品質の競争が活発になり、消費者のニーズにあった良質で安価な商品やサービスが提供されるようになります。

　これに対して、たとえば、事業者同士が話し合って商品の価格を決めるカルテルが行われると、価格競争がなくなります。このように、何らかの人為的な手段によって市場における競争が減ると、競争相手がいない（少ない）ために価格の吊り上げが容易になり、ひいては消費者に不利益をもたらすことになります。

　独禁法は、このような市場の競争機能に悪影響を与える行為を取り除き、公正かつ自由な競争を促進するという目的を達成するために、自由競争阻害行為を違法行為として禁止しています。

(2) 違法行為類型の概要

　独禁法は、主に、不当な取引制限、私的独占、不公正な取引方法、企業結合という行為を規制しています。

■不当な取引制限

　不当な取引制限（独禁法2条6項、3条後段）とは、複数の事業者が協力して、市場での競争を制限する行為をいいます。ここでいう競争の制限とは、市場支配力を形成、維持又は強化することをいい、市場の競争を減少・消滅させる競争制限効果が強い類型を規制の対象にしています。

　カルテル[2]や談合がその典型ですが、業務提携や共同事業も競争を失わせることになる場合には、規制の対象になり得ます。

■私的独占

　私的独占とは、他の事業者の事業活動を市場から排除したり、他の事業者を支配することで競争を制限することをいいます（独禁法2条5項、3条前段）。不当な取引制限と同様、競争制限効果が強い類型を規制の対象にしています。

独占禁止法

2　カルテルとは、複数の事業者が、競争を回避するために、商品の価格を上げたり、数量を制限するなどの行動を調整する行為全般を指します。

■不公正な取引方法の規制

　不公正な取引方法とは、**公正な競争が阻害されるおそれがある行為**をいいます（独禁法2条9項、19条）。たとえば、取引拒絶、差別行為、優越的地位の濫用などの行為があり、不公正な取引方法に当たる行為は、**独禁法2条9項や告示で規定されています**。競争制限の程度としては、不当な取引制限や私的独占のように、市場支配力を形成、維持又は強化する必要はなく、その可能性が高い行為や、公正な競争秩序を害する不適当な行為があれば規制の対象になります。そのため、不当な取引制限や私的独占が成立しない場合であっても、不公正な取引方法により規制されることがあります。

■企業結合

　企業結合とは、株式保有、合併、分割、株式移転、事業の譲受け等の競争を制限する行為をいいます（独禁法10条、13条、15条、15条の2、15条の3、16条）。たとえば、商品の価格競争を行っていた会社が1社になれば、競争相手がいなくなり、価格競争が行われなくなります。このように、企業結合は、結合前まで競争関係にあった企業が一体となり、特定の市場に会社が集中することで、競争が制限される状態を規制するものです。

　以上が主な違法行為類型ですが、**独禁法違反となるのは、競争を回避し又は排除する目的で、何らかの人為的手段を用いて、市場における競争機能をゆがめ、あるいは損なわせる行為ですので、違反行為の認定には、行為のみならず競争への影響度（状況）等を考慮して慎重に判断する必要があります。**

3　独禁法違反の判断基準

(1) 判断基準

　独禁法違反は、ある行為によって事業者間の競争が制限または阻害されているかどうか（不公正な取引方法の場合は、そのおそれがあるかどうか）で判断します。これは、独禁法において、「一定の取引分野における競争を実質的に制限する」（不公正な取引方法の場合、「公正な競争を阻害するおそれ」）と規定されています。

(2) 市場の画定

　競争が制限・阻害されているかを判断するには、まずその判断の対象である

競争が行われている場（＝市場）を特定する必要があります。これを市場の画定といい、特に不当な取引制限において問題になります。

たとえば、自動車メーカーとアパレルメーカーが互いの商品の価格について合意をしたとします。自動車とアパレルの市場は異なるため、異なる市場の商品の価格に関して合意をしても、競争が制限されることはありません。他方、自動車メーカーＡと自動車メーカーＢが、互いの商品の価格について合意した場合には、ＡとＢは、自動車製造という同じ市場で競争しているため、競争が制限される可能性があります。

では、自動車とバイクの場合はどうでしょうか。自動車とバイクは別の市場と考えることもできますが、乗り物という点では共通しており、自動車とバイクに代替性があるといえるのであれば、同じ市場と考えることもできます。

以上は、市場の画定についてかんたんに説明したものですが、実際にはより複雑な判断が求められます。具体的には、①商品・役務の範囲と②地理的範囲について、基本的には需要者にとって代替性があるかを判断し、必要に応じて、供給者にとっての代替性を考慮するとされています。つまり、需要者からみてどのような範囲の供給者が選択肢になるかを、商品・役務の範囲や地理的範囲を元に判断するのですが、市場の画定の判断は難しい問題ですので、まずは市場の画定という概念を抑えるようにしましょう。

(3) 競争を実質的に制限すること（となる）[3]

市場を画定したあとは、その市場で競争が制限または阻害されているか（競争を実質的に制限しているか）を判断します。「競争を実質的に制限する」とは、「競争自体が減少して、特定の事業者又は事業者集団がその意思で、ある程度自由に、価格、品質、数量、その他諸般の条件を左右することによって、市場を支配することができる状態をもたらすこと」をいうとされており[4]、これは市場支配力を形成、維持又は強化することと言い換えることができます。

3　企業結合の効果要件は、競争を実質的に制限する「こととなる」と規定されている。これは、企業結合審査が将来予測に基づくため、競争の実質的制限が容易に現出されるおそれがあるかという蓋然性を判断することを意味する。

4　東京高判昭和26・9・19高民集4巻14号497頁（東宝・スバル事件）及び東京高判昭和28・12・7高民集6巻13号868頁（東宝・新東宝事件判決）。

この判断においては、問題となる行為の内容及び態様、当事者が市場におい
て占める地位（シェア、順位等）、対象市場全体の状況（当事者の競争者の数、
市場集中度、取引される商品の特性、差別化の程度、流通経路、新規参入の難
易性等）並びに制限行為においては制限を課すことについての合理的理由の有
無及びデータ集積・利活用を積極的に行う意欲（投資インセンティブ）への影響
を総合的に勘案するとされています[5]。

4　データ利活用に伴い想定される問題行為

ここでは、データを用いて事業活動を行う際に、独禁法上問題となる行為に
ついて取り上げます。

データの利活用は、競争を促進する働きがあるため、それ自体が独禁法上問
題となることは通常ありません。問題となるのは、不当な手段によりデータの
囲い込みがなされる場合やデータ取得等により競争に悪影響をもたらす場合で
す。以下では、想定される問題行為の一部を紹介します。

■データの囲い込み（データへのアクセスを拒絶する行為等）

たとえば、市場シェアの高い事業者らが、共同研究開発等のためにデータを
共同収集するにあたり、競争単位を減少させる排他的、閉鎖的な行為を行う場
合は違法となり得ます。「シェアの合計が相当程度高い複数の事業者が共同収
集したデータについて、ある特定の事業者に対し共同収集への参加を制限し、
かつ、合理的な条件の下でのアクセスを認めないことは、当該第三者において
他の手段を見出すことができずその事業活動が困難となり、市場から排除され
るおそれがあるときには、例外的に独占禁止法上問題となる場合があると考え
られる[6]」と指摘されています。

この点については、データの入手経路が限定されている領域（たとえば、センサー
を利用して収集するデータで、かつ当該センサーの導入が技術的に容易ではな
い場合等）ではより競争制限効果が生じやすいとされています。

5　前掲1) データと競争政策に関する検討会「報告書」32頁。
6　前掲1) データと競争政策に関する検討会「報告書」48頁。

2

■不当な取引条件の変更

　プラットフォームを運営する事業者が、当該プラットフォームを通じて提供するサービスについて市場支配力を有するために、プラットフォーム利用者が他の類似サービスに切替えることが困難となっている場合には、仮に、サービスに関する取引条件が利用者にとって不利益に変更されたとしても、当該利用者は、当該サービスの利用を停止することが困難となる可能性があります。

　この結果として、当該プラットフォーム運営事業者が、公正な競争秩序に悪影響を及ぼすおそれを生じさせ、又は事業活動を行っている市場において市場支配力を形成、維持、強化する可能性があり、私的独占、優越的地位の濫用その他独占禁止法の適用により規制の対象とすることがあり得ることされています[7]。

■デジタル・プラットフォーム事業者による個人情報の取得・利用

　公正取引委員会が公表した「デジタル・プラットフォーム事業者と個人情報等を提供する消費者との取引における優越的地位の濫用に関する独占禁止法上の考え方」では、サービスを利用する消費者に対して優越した地位にあるデジタル・プラットフォーム事業者が、その地位を利用して、消費者に利用目的を通知せず個人情報を取得し、あるいは個人情報を目的外利用する等の行為は、優越的地位の濫用として問題になると指摘されています。

5 | AIとカルテル（協調的行為）

　ここでは、複数の事業者がAIを用いて価格調査や価格決定等を行う協調的行為に関する論点を取り上げます。

　競争関係にある複数の事業者が、市況データ等を用いて最適な価格を自動的に決定したり、利潤の最大化を行ったりするAIやアルゴリズムを導入した場合に、当該AI等の働きによって市場から価格競争が排除される[8]ことをデジタル・カルテルといいます。

独占禁止法

7　前掲1）データと競争政策に関する検討会「報告書」38頁。

8　経済産業省　第四次産業革命に向けた競争政策の在り方に関する研究会「報告書」〜 Connected Industriesの実現に向けて〜（2017年6月28日）34頁。

「デジタル・カルテルで問題になる」AIによる協調的行為は、次の4つに分類されています[9]。

①監視型アルゴリズムを利用した協調的行為

競争事業者間で価格カルテルなどの合意が行われている場合に、その合意の実効性を確保する目的で、競争事業者の価格情報等を収集したり、合意からの逸脱がある場合に報復したりするために価格調査アルゴリズムが用いられる場合。

②アルゴリズムの並行利用による協調的行為

競争事業者間で価格カルテルなどの合意が行われている場合に、その合意に従って価格を付けるように設定されたアルゴリズムを当該事業者間で用いる場合、及び複数の競争事業者が、同一の第三者（例：価格設定アルゴリズムのベンダー〔販売事業者〕）が提供するアルゴリズムを利用することによって価格が同調する場合。

③シグナリングアルゴリズムを利用した協調的行為

値上げのシグナリングを行うとともに、それに対する競争事業者の反応を確認するためにアルゴリズムが用いられる場合。

④自動学習アルゴリズムを利用した協調的行為

各競争事業者が機械学習や深層学習を利用して価格設定を行った結果、互いに競争的な価格を上回る価格に至る場合。

独禁法は、カルテルを不当な取引制限として禁止しています。不当な取引制限は、事業者が、他の事業者と共同して相互の事業活動を拘束・遂行し、公共の利益に反して、市場での競争を実質的に制限することで成立します。このうち、カルテルに関して重要なものは、「共同して」という要件です。「共同して」とは、意思の連絡をいい、たとえば、事業者同士が、互いに商品の価格を値上げすることについて合意する場合がこれにあたります。これには黙示の意思の連絡も含まれるとされています。

9　デジタル市場における競争政策に関する研究会「アルゴリズム／AIと競争政策」（2021年3月）15頁〜20頁。
　https://www.jftc.go.jp/houdou/pressrelease/2021/mar/210331_digital/210331digital_hokokusho.pdf

2

　デジタル・カルテルも、明示の合意までは求められず、黙示の意思の連絡により成立し得ます。つまり、「複数の利用事業者がアルゴリズムの働きを理解し、互いに価格が同調するようなアルゴリズムを利用していることを相互に認識して、お互いの価格が同調することを認容した上で当該アルゴリズムを用いているような状況においては、各事業者が独立して行動しているとはいえないため、意思の連絡があると評価できる」と考えられています[10]。

　他方、自己学習アルゴリズムによる協調的行為については、このような協調的行為が市場において成り立つかどうかが不確かな状況です。ただ、仮にこれが市場において実現した場合であっても、「複数の自己学習アルゴリズムが相互に自律的に価格設定をした結果、価格が同調したにすぎない場合には、単にその事実のみで不当な取引制限とはならないと考えられる」とされています。一方で、このようなアルゴリズムの「実現可能性やその条件、技術の動向を注視していく」[11]との指摘もなされています。

6　デジタルプラットフォーム規制

　近年、デジタルプラットフォームにおいて取引が行われることが増えましたが、一部の市場では、取引拒絶の理由が示されない等、取引の透明性や公正性が低いことが問題になっています。こうした背景から、取引の透明性や公正性を高める必要性の高いプラットフォームを提供する事業者を対象に、取引条件等の開示や運営状況の報告・評価等を義務付ける「特定デジタルプラットフォームの透明性及び公正性の向上に関する法律」が成立し、2021年2月1日に施行されました。

　特定デジタルプラットフォーム提供者は、取引条件等の情報の開示や体制の整備を行い、毎年度自己評価をし、報告書を提出しなければなりません。この報告書等から独禁法違反のおそれがあると認められる場合には、経済産業大臣は、公正取引委員会に対し、同法に基づく対処を要請することとなります。

10　前掲9）デジタル市場における競争政策に関する研究会「アルゴリズム／ AIと競争政策」22頁。
11　前掲9）デジタル市場における競争政策に関する研究会「アルゴリズム／ AIと競争政策」26頁。

独占禁止法

2-22 契約-1 開発契約①

ここではモデル開発契約を締結する場合に抑えておくべき基本的な事項を解説します。

1 契約とは

(1) 意義

契約とは、一定の事項について申し込みと承諾という意思表示が合致することにより成立する法律行為です。

契約においては、**契約自由の原則**が適用されますので、公序良俗や強行法規に反しない限り、当事者間で契約内容を自由に決定することができます。

(2) 契約類型

契約にはさまざまなものがありますが、AI開発でよく利用される類型は、請負契約と準委任契約です。

請負契約(民法632条)は、請負人において仕事を完成させることを約し、その結果に対して報酬が支払われる契約です。他方、**準委任契約**(民法656条)は、事務処理を約する契約を指し、**仕事の完成義務を負わない点で請負と異なります**。準委任契約は、仕事の完成義務を負わないため、契約不適合責任(民法562条)を負いません。

準委任契約には、履行割合型と成果完成型があります。**履行割合型**は、委任事務の「履行」に対して報酬が支払われるものであり(民法648条2項)、**成果完成型**は、委任事務の履行により得られる「成果」に対して報酬が支払われるものです(民法648条の2第1項)。成果完成型は成果に対して報酬が支払われるという点で請負に類似しますが、あくまで委任ですので仕事完成義務を負うものではなく、仮に成果が得られない場合には、仕事の完成がない分報酬を得られないという結果に帰着する点で異なります。

2　モデル開発契約

(1) 概要

　本節における**モデル開発契約**とは、ユーザーがベンダーに対して、AIプログラム（以下「モデル」といいます。）の開発を委託する契約をいいます。モデル開発では、プログラムを使用してデータを学習し、試行錯誤を重ねて学習を継続することでモデルの精度の向上を図るため、**アセスメントとPoC**（Proof of Concept：概念実証）を実施し、その結果、実運用の可能性がある場合に**本開発**を実施するという流れで進行します。ただし、アセスメントフェーズを経ずにPoCからスタートする場合や、アセスメントとPoC、PoCと本開発がそれぞれ一体として実行される場合もあります。

　他方、同じソフトウェア開発でも従来型のシステム開発は、企画を経て要件定義をし、その要件に沿ってコードを記述することでシステムを構築します。開発の対象であるプログラムの具体的内容が特定されている点でモデル開発と異なります。

(2) モデル開発契約の法的性質

　モデル開発契約の法的性質（請負か準委任か）について、従来型のシステム開発と比較すると以下のようになります。

■従来型のシステム開発の場合

　従来型のシステム開発[1]における企画や要件定義は、どのようなプログラムを設計するかを企画し定義する段階ですので、一般に**準委任契約が親和的**とされています。

　他方、企画や要件定義を経た後の設計や開発段階では、既にプログラムの内容が定義されており、それに従い設計・開発をするため、仕事の完成を約する**請負契約が親和的**とされています。

1　ここではウォーターフォール型のシステム開発を想定している。これは、プログラム開発の過程を要件定義、設計、開発、テスト、評価等の工程に分割し、前工程（上流工程）から後工程（下流工程）に順次移行していく開発手法である。修正がなされる場合があるものの、基本的には前工程においてプログラムの仕様等を確定するため、完成図が定まっているプログラムを開発するのに適している。

■モデル開発の場合

　モデル開発では、「モデルを作ることができるかどうか試行錯誤を重ねる」といった探索的作業を繰り返すため、契約時において仕事を完成できるかどうかがわかりません。そのため、仕事の完成を約さない準委任契約が親和的とされています。

　ただし、既述した通り、契約においては契約自由の原則が適用され、契約の法的性質については契約ごとに自由に決定することができるため、上記と異なる取扱いもあり得ます。

　たとえば、従来型のシステム開発であっても、アジャイル型開発（顧客の要求に従い、設計・開発・テストの工程を短い期間で繰り返す開発手法）では、try and errorを繰り返すという性質上、準委任契約が親和的です。また、モデル開発契約においても、請負契約と準委任契約が混合した契約を締結することもあります。契約の法的性質は、契約の具体的な内容により定まるものと考えると良いでしょう。

（3）モデル開発契約に係るガイドライン等

　モデル開発契約に関しては、権利関係の処理や責任の所在等について法律の整備が十分ではありません。そのため、これらの諸問題についての考え方を提示したいくつかのガイドラインが公表されており、これらガイドラインが契約実務で利用されています。代表的なものとして、経済産業省「AI・データの利用に関する契約ガイドライン1.1版（全体版）」（2019年12月）、特許庁・経済産業省「研究開発型スタートアップと事業会社のオープンイノベーション促進のためのモデル契約書ver2.0（AI編）」（2022年3月）、一般社団法人日本ディープラーニング協会（Japan Deep Learning Association）「ディープラーニング開発標準契約書」（2020年1月31日）等があります。

　以下で解説するモデル開発契約に係る事項については、一般に利用されることが多い経済産業省の「AI・データの利用に関する契約ガイドライン1.1版（全体版）」（2019年12月）をベースにしています。

3 モデル開発契約の分類

　モデル開発は探索的に行われるという特徴から、契約も複数のフェーズを経ることが一般に想定されています。

　モデル開発の過程で締結される契約類型は、以下のように分類[2]することができます。

▼モデル開発の過程で締結される契約類型

	アセスメント	PoC	開発	追加学習
目的	一定量のデータを用いて学習済みモデルの生成可能性を検証する	学習用データセットを用いてユーザーが希望する精度の学習済みモデルが生成できるかを検証する	学習済みモデルを生成する	ベンダーが納入した学習済みモデルについて、追加の学習用データセットを使って学習する
成果物	レポート等	レポート／学習済みモデル（パイロット版）等	学習済みモデル等	再利用モデル等
契約	秘密保持契約書等	導入検証契約書等	ソフトウェア開発契約書	※（注）

※（注）：追加学習に関する契約としては多様なものが想定され、たとえば、保守運用契約の中に規定することや、学習支援契約又は別途新たなソフトウェア開発契約を締結することが考えられる。

　以下では、上記分類に従い、契約の類型について概説します。

■アセスメント
①内容
　アセスメントフェーズでは、ユーザーの事業上の課題を整理して、AIを適用する必要性や可能性を検証します。

　AIによって解決したい課題が明確でない状態では、収集すべきデータの内容やモデルの構築可能性を検討することができません。そのため、アセスメント

2　経済産業省「AI・データの利用に関する契約ガイドライン（AI編）」（2018年6月）44頁。
https://www.meti.go.jp/policy/mono_info_service/connected_industries/sharing_and_utilization/20180615001-3.pdf

では、ユーザーの業務上の課題を整理し、AIを導入することでその課題をどのように解決するか、費用対効果（ROI）はどうか、AIを導入するビジネス上の価値がどの程度あるか等を検討することから始めます。また、課題によっては、機械学習による解決が不向きな場合もあるため、ルールベース等の他の方法により解決すべきかを考察します。

　アセスメントでは、この課題整理とともに、ユーザーから一定量のデータを預かり、データの質や量、モデル構築方法等も併せて検討されます。

②契約の類型

　アセスメントでは、業務上の課題等の機密情報や業務上の重要なデータの授受が行われるため、秘密保持に関する取り決めがなされます。短期間で情報収集と整理が行われる場合には、**秘密保持契約を締結して作業を完了します**が、ある程度の期間をかけて検討する場合には、**有償でアセスメントを委託する契約（準委任契約）を締結します**。

■PoC

①内容

　アセスメントの結果、具体的に課題の解決が見込める場合には、収集したデータからモデルを生成できるかを検証します。これを一般に、PoC（Proof of Concept）といいます。PoCでは、モデルを生成するために必要なデータがあるのか、ある場合にはその量や質は十分か、データが不足する場合には、データを他の方法で収集できないか等の分析が行われます。また実際に、前処理、外れ値の除去、アノテーション等の方法により、モデル開発に適した形にデータを修正します。

　この検証の段階では、試作用のモデルを製作し、実際に生成・修正したデータを試作モデルに入力し、モデルの挙動を確かめ、KPI（Key Performance Indicator）等を踏まえモデルの精度を検証します。ユーザーが求める精度を満たしていなければ、その原因を追求し、必要に応じて、データ内容、データの修正方法、特徴量等を再検討し、改めて試作モデルに読み込ませ、学習を繰り返します。

②契約の類型

PoCは、上記の通り、精度を向上させるためにさまざまな観点から試行錯誤を繰り返しますので、**仕事[3]の完成を約束する（できる）業務ではありません。** そのため、PoCフェーズの契約は、ベンダーが仕事の完成義務を負う請負契約ではなく、**準委任契約を締結する**ことが一般的です。

なお、初期に収集したデータと既存のモデルを利用して簡便に検証し、その結果を踏まえて本開発を実施する場合（PoCと本開発の境目が曖昧な場合）があります。このような検証は本開発の一部として実行される簡便なものであることが多く、概念実証という実態を伴わない場合もあります。

■本開発

①内容

PoCを経て、実運用に耐え得るモデルの開発が見込める場合には、本格的な開発へ進みます。**本開発では、**モデルを作るために有用なすべてのデータを収集し、PoCで定めた要件に従い、PoCで生成した試作用モデルを本番用のモデルとして造り込みます。この過程では、学習を繰り返し、可能な限り未知のデータにも対応できるようにモデルの精度を向上させます。

②契約の類型

本開発のフェーズであっても、モデルについて100％の精度を保証することはできないため、当該フェーズの契約類型としては、仕事の完成を約束しない**準委任契約**が親和的です。ただし、ユーザーからは、具体的な数値を示さないまでも、実運用に耐えられる程度のモデルを製作することが求められますので、**成果完成型準委任契約を締結する**ことが考えられます。

3　この文脈において「仕事」とは、一定の精度を確保できるモデルを生成することを指す。

■システム実装
①内容

本開発で生成したモデルは、それ単体では動作し得ないため、モデルを利用するために必要なシステムを開発します。システム開発では、モデルを実装する環境、システム連携の方法、ユーザーインターフェースの設計等、システム開発に係る仕様を定め、これを実装します。

②契約の類型

システム開発は、ウォーターフォール型や非ウォーターフォール型（たとえば、アジャイル型）等さまざまな開発手法がありますが、ウォーターフォール型の場合には、ソフトウェアの仕様が確定しており、それに従って実装するため、請負契約が親和的といえ、他方、アジャイル型の場合には、準委任契約が親和的といえるでしょう。

■追加開発
①内容

AIシステムを実運用する段階においては、学習時に想定していなかった未知のデータが入力されるため、モデルの精度が低下することがあります。このような場合、新たにデータを入力してモデルを再学習することで、モデルの精度の向上を図ります。

②契約の類型

追加開発では、PoCや本開発と同様に探索的に学習を繰り返すことが多く、その性質上、準委任契約を締結することが一般的です。

演習問題2-22

問題1（オリジナル問題）

モデル開発契約について、以下のうち正しいものを選べ。

A　請負契約は仕事の完成を約束する契約であるから、モデル開発において請負
契約を締結した場合には、モデルの性能を保証しなければならない。

B　モデル開発契約とは、アセスメント、PoC及び本開発のすべてのフェーズを
経てモデルを開発する契約を指す。

C　モデル開発に伴い生じた成果物に関する著作権は、原則として、開発費用を
投じたユーザーに帰属する。

D　モデル開発に伴い生じた成果物に関する権利をユーザーに移転した場合であっ
ても、合意により、ベンダーが当該成果物を一定の条件の下で利用すること
が可能である。

解答　D

解説 ・・

A　誤り。請負契約を締結する場合であっても、モデルの性能保証をしない旨の
合意をすることは可能です。

B　誤り。（本節における）モデル開発契約とは、ユーザーがベンダーに対して、
モデルの開発を委託する契約をいいます。アセスメント、PoC及び本開発の
各フェーズを経る場合の他、一部のフェーズのみで開発を完了する場合もあ
るため、「すべてのフェーズ」を経るとしている点で誤りです。

C　誤り。成果物に関する著作権は、著作者に帰属するため、「原則としてユーザー
に帰属する」としている点で誤りです。

D　正解。成果物に関する権利の帰属と利用条件に関する契約上の取り決めは自
由に決定することができるため、ユーザーとベンダーの合意があれば、ベンダー
が成果物を利用することは可能です。

2-23 契約-2 開発契約②

ここでは、モデル開発契約を締結する際に留意すべき事項について解説します。

1 契約条項に関連するモデル開発の特性

　従来のソフトウェア開発では、あらかじめユーザーが求める機能要件を確定させてソフトウェア（成果物）を製作するため、契約においては、ベンダーがユーザーの要求する機能の完成を保証することが可能です。また、成果物の知的財産権は、ベンダーとユーザーの合意によりユーザーに帰属することが多かったといえるでしょう。他方、モデル開発では、以下のようなAI技術特有の事情を考慮する必要があるため[1]、実務上しばしば性能保証や知的財産権に関して契約交渉が難航します。

①性能保証が難しいこと

　学習用のデータセットを利用して、未知のさまざまな状況における法則を推測するという性質上、事前に性能保証をすることが難しく、また、モデルの推論結果を導出した原因を事後に検証することが困難な場合があります。

②モデルの内容や性能がデータの品質に依存すること

　学習用のデータの統計的性質を利用してモデルを生成するため、モデルの内容や性能が学習用のデータの品質に依存します。

③ノウハウの重要性が高いこと

　学習用のデータの加工方法、ハイパーパラメータの設定、データ分析、その他の試行錯誤の過程で集積される事項等に関して、当事者のノウハウの重要性が高いといえます。

　上記①②についてはモデルの性能保証に、③については知的財産権の帰属に影響します。以下では、これらの点を踏まえ、モデル開発契約における留意点について解説します。

1　詳細は、経済産業省「AI・データの利用に関する契約ガイドライン（AI編）」（2018年6月）18頁〜22頁参照。https://www.meti.go.jp/policy/mono_info_service/connected_industries/sharing_and_utilization/20180615001-3.pdf

2　モデル開発契約における留意事項

(1) 性能の問題
■性能保証

　モデル開発では、より高い精度を有するモデルの開発が求められるところ、契約において性能保証に関する文言を規定するかが問題になります。

　モデルの精度には、モデル開発時の精度と、モデルを実運用する際の精度があります。モデル開発時の精度は、モデル生成時のデータに依存するため、精度を保証することが困難です。

　また、モデルを実運用する際の精度は、開発時には想定しなかった（開発時に学習していない）未知のデータが入力されることで精度が低下することがあるため、開発時に比べ、精度保証をすることがより困難です。

　そのため、モデルの性能保証について契約に規定することはほとんどないのが実態です。

■性能保証の在り方

　上記の通り、契約上性能保証をすることはほとんどありませんが、**仮に性能保証をする場合には、その条件を明確にする必要があります。**本来性能保証は困難であるため、不明確な条件下での性能保証は、ベンダーにとってリスクが大きいからです。具体的には、性能指標の選択、精度の測定方法（ホールドアウト検証、交差検証等）、精度測定に用いるデータの種類（開発時のデータのみを対象とすることを含む。）、測定時の環境条件等について定めることが考えられます。

　また、性能保証は本開発フェーズで行うことが適切です。PoCフェーズでは性能に関する予測が立たない上、本来PoCの目的は精度を検証することにあるため、性能保証をする根拠がないからです。

■性能指標の決め方[2]

　上記の条件のうち性能指標の定め方については、「正解率90％以上」「適合率80％以上」等の方法により、性能指標と保証値を明記することが考えられます。

2　詳細は、一般社団法人日本ディープラーニング協会　契約締結におけるAI品質保証の在り方研究会「契約締結におけるAI品質ハンドブック」（2021年7月21日）8頁、9頁参照。

モデルの性能を測る性能指標は複数あり、たとえば、正解率（accuracy：全データの中で正解したものの割合）、適合率（precision：予測が正の中で、実際に正であったものの割合）、再現率（recall：実際に正とされたものの中で、正と予測したものの割合）、F値（F measure：再現率と適合率を基に計算される値）が挙げられます。どのような性能指標を用いるかは、タスクやAIシステムの利用方法により異なります。

　たとえば、犬か猫かを分類するタスクであれば、どの程度正解したかを測ることがモデル評価としては適しており、正解率がよく用いられます。また、自動運転の領域で、回避すべき物体や信号画像の認識において、物体の見落としや信号の誤認識（リスク）の回避が求められる場合には、誤判定率や誤認識率等の性能指標等が用いられます。

（2）知的財産の問題

　検証や開発における成果物には、報告書や要件定義書等の書面、学習用のデータセット、プログラム等があります。これらは、ベンダーやユーザーのノウハウが投じられて創出されるものであり、また、物によっては事業価値の源泉になるものもあるため、しばしば成果物の権利の帰属や利用条件について交渉が難航します。

■成果物の保護

　成果物には、知的財産として保護されるものがあります。たとえば、プログラム（学習用のプログラムや推論プログラム等）については、そのソースコード部分に著作権が発生します。また、アルゴリズム部分やその他のノウハウに係る部分は特許として認められる可能性があります。また、ノウハウについては営業秘密や限定提供データとして保護される可能性があります。どのような成果物にどのような権利が発生するかは、「2-5 著作権法-3」「2-9 特許法-2」を、特許以外のノウハウの保護に関しては、2-12から2-14までの「不正競争防止法」をそれぞれ確認してください。

■知的財産権の帰属及び利用条件の設定

　知的財産権が発生する成果物については、原則としてそれを創出した者に権利が帰属します。モデル開発においては、プログラムの創作を主としてベンダーが行うことが多いため、その場合には、理論上、ベンダーに著作権や特許権が

2

帰属する場合が多いでしょう。

　他方で、成果物の創出においては、データの読み方等ユーザーのノウハウが寄与することもあります。この場合、両者の寄与度を踏まえて権利の帰属を決定しますが、開発開始前の契約時に寄与度を特定することが難しい場合もあります。このような場合に契約交渉に時間をかけることは開発遅延にもつながり得策ではありません。

　そのため、契約交渉においては、法律に従った理論的帰結を前提にしつつも、利用条件の設定等により、互いの利害を調整することが得策といえる場合もあります。

■権利帰属や利用条件決定時の考慮事項

　権利の帰属や利用条件の設定においては、契約自由の原則から、当事者間で法律のルールとは異なる取り決めをすることが可能です。そのためには、前提として、以下のように双方の意向を整理する必要があります。

【ユーザー】
・ 開発費を支払い、モデル開発に必要なデータやノウハウを提供している以上、成果物の知的財産権を自社に帰属させたい。
・ ユーザーが提供したデータやノウハウをベンダーに流用されたくない。
・ 開発の過程で創出した成果物をベンダーが流用し、競合他社に展開されたくない。
【ベンダー】
・ モデルについては自社のノウハウや技術を提供して創出しているため、自社に知的財産権を帰属させたい。
・ 自社が創出したモデル自体又はこれを改変したモデルを他社にも提供し、ビジネスの拡大を図りたい。
・ 自社の事業展開について競業避止義務を課せられたくはない。

契

約

　これらの意向を踏まえ、実際に落としどころを決定する際には、ユーザー・ベンダー双方が**権利取得の必要性、成果物への寄与度**[3]、**労力の多寡、専門的知識の重要性、成果物の汎用性**等を考慮し、権利の帰属や利用条件（利用対象・利用行為・利用期間等）を決定することになります。たとえば、以下のような取り決めが考えられます。

> ・ ユーザーの基幹システムとして利用されるなど、汎用性に乏しいモデルについては、ベンダーにとって転用の必要性が少ないことから、プログラムの著作権をユーザーに帰属させる。
> ・ ベンダーにプログラムの著作権を帰属させ、モデルを他に転用する代わりに、ユーザー自社内における自由な利用ができるようにする。

　以上のような決定をする前提には、当事者双方が互いに配慮することが重要です。たとえば、ユーザーが懸念するベンダーによるデータやノウハウの転用については、パラメータ化されている以上、それ自体からデータやノウハウを読み取ることができないことをベンダーからユーザーに説明することが必要でしょう。その他、ベンダーは、ユーザーのデータやノウハウを垣間見ることのできる情報を一切利用しない旨を約する等、ユーザーの懸念に配慮することが大切です。他方、ユーザーとしても、仮に協業避止義務を課す場合には、ベンダーの事業活動の自由を阻害しないよう、必要最小限の範囲に留める等の配慮が必要になるでしょう。

　このように権利の帰属や利用条件の設定にはさまざまなバリエーションが考えられますが、契約交渉をスムーズに行うには、互いの利害を理解し配慮した上で、技術やノウハウの秘匿性、各社の知財戦略、将来におけるビジネス展開等を総合考慮して柔軟な解決を図ることが大切です。

3　寄与度に影響する要素としては、当事者が提供したデータ・ノウハウ・創意工夫の価値、当事者の技術力、生成・作成に要した人的・物的なコスト、生成物の独自性・固有性・当事者にとっての有効性・有用性、支払われる対価の額や支払い条件等が挙げられる（前掲1）経済産業省28頁。

3　その他

　上記の他、契約交渉においては、データ・機密情報・個人情報の取扱いの問題、再利用モデル生成や蒸留の可否、成果物が第三者の知的財産権を侵害した場合の責任問題、モデルやそれを利用したサービスを提供した場合に生じる第三者の権利侵害についての責任問題等の諸問題があります。これらについても、本節「1　契約条項に関連するモデル開発の特性」を考慮しつつ、合理的な条項に落とし込み、合意に至るよう契約交渉を進めることが肝要です。

　詳細は紙面の都合上解説しませんが、個人情報については、2-15から2-20までの「個人情報保護法」を、機密情報については、「2-24　契約-3　秘密保持契約」を、その他は、経済産業省「AI・データの利用に関する契約ガイドライン（AI編）」（2018年6月）等を参照してください。

2-24 契約-3　秘密保持契約

ここでは、AIの開発や運用において開示・提供される秘密情報の取扱いを定めた秘密保持契約について解説します。

1　はじめに

　モデル開発や運用においては、ユーザー・ベンダー双方から秘匿性の高い情報が開示・提供されることから、情報の目的外利用や情報漏えいを防止する必要があります。そこで、モデル開発や運用をする際には、秘密保持契約（Non-Disclosure Agreement）が締結されることがあります[1]。

　情報の保護は、不正競争防止法上の営業秘密や限定提供データの他、個人情報保護法による保護が考えられますが、これらの法律が適用されない情報については、秘密保持契約（又は秘密保持条項）により情報の取扱いを規律することが有効です。

2　秘密保持契約の内容

（1）規定の概要

　秘密保持契約で定められる代表的な項目としては、①契約の目的、②秘密情報の定義、③秘密保持義務、④目的外使用等の禁止、⑤秘密情報の複製、⑥秘密情報の返却又は消却、⑦有効期間・存続規定、⑧損害賠償、⑨管轄裁判所が挙げられます。以下では、その一部について解説します。

（2）契約の目的

　秘密保持契約では、まず契約を締結する目的を記載します。後に記載する通り、「目的外使用の禁止」により、契約の目的に定めた内容以外の目的で秘密情報を使用することが禁止されるため、目的を記載する際には、不必要に広く（又は狭く）目的が設定されることがないように注意する必要があります。

　たとえば、「顔認証AIのモデル構築業務ために秘密情報を利用する」と記載すれば、顔認証AIを構築するために必要な範囲でのみ秘密情報を利用することが

1　開発契約・運用契約において秘密保持条項を定める場合もある。

2

できますが、他の業務に流用することはできません。このように、「契約の目的」
は、目的外使用等の禁止の対象を画するものになるため、利用したい範囲を明
確にした上で規定することが大切です。

　ただし、アセスメントフェーズは、事業上の課題を整理し、AIの構築可能性
を「探る」フェーズであるため、秘密情報を利用する場面を限定せず、「AI活用（構
築）可能性を検討する目的」といった粒度で記載されることも少なくありません。

（3）秘密情報の定義

　秘密情報に該当すると、秘密保持義務や目的外使用の禁止の対象になるため、
「秘密情報」を定義することは重要です。

■秘密情報の定義

　秘密情報は、以下の2パターン（これに類する文言も含みます。）のどちらか
で定義されることが多いでしょう。

> ①「一方当事者が他方当事者に対して、本目的のために開示した技術上、営
> 　業上その他の業務の情報（加工物を含む。）、本契約の存在及び内容、並
> 　びに本取引に関する協議・交渉の存在及びその内容」
> ②「一方当事者が他方当事者に対して、本目的のために開示した技術上、営
> 　業上その他の業務の情報のうち秘密であることを明示した情報及び口頭で
> 　開示した情報については●日後までに秘密であることを書面で特定した情報」

　①の定義は、秘密情報を包括的に規定するもので、秘密情報の範囲を広く設
定することができます。②のパターンのように秘密である旨の明示を求めると、
明示を失念するリスクがあるため、このリスクを回避したい場合には、①のパ
ターンによることが多いでしょう。

　②の定義は、秘密である旨を明示した場合に限定しています。このように秘
密保持義務を負う対象を限定する意味は、受領者の情報管理コストや損害賠償
リスクを軽減することにあります。

■秘密情報の明示方法

　上記②の定義に従うと、秘密である旨の明示をする必要があるところ、そ
の明示方法にはさまざまなバリエーションがあります。たとえば、書面やCD-

ROM等の有体物に情報を記載・記録した場合には、これに「confidential」「㊙」「秘密」等の文字を記載する方法がとられます。また、メール等に秘密情報を記載する場合には、当該メールの文面に「本メールに記載された情報は秘密情報として扱います。」と記載することが考えられます。明示方法に決まりはなく、契約当事者が秘密情報であることを認識し得る状態におくことが重要です。

■加工物の取り扱い

モデル開発では、データ加工等により秘密情報を加工することがあります。これにより生じた加工物が秘密情報といえるかどうかは、**秘密情報との同一性の有無**により判断されます。秘密情報との同一性が認められない場合には、別途加工物に関しても秘密保持義務を課す必要が生じます。この場合は、秘密情報の定義として「加工物を含む」と規定することで、加工物についても秘密保持義務を課すことが考えられます（定義①を参照）。

■秘密情報の例外

少なくとも次の内容については、受領者において自由に取得・開示・使用することを認めるべきとの理由から、秘密情報の対象から除外する例外規定を設けるのが一般的です。

①開示された時点において、受領者が既に了知していた情報
②開示された時点において、既に公知であった情報
③開示された後に受領者の責めに帰すべき事由によらずに公知となった情報
④開示者に対して秘密保持義務を負わない正当な権限を有する第三者から、受領者が秘密保持義務を負うことなく適法に取得した情報

(4) 秘密保持義務及び目的外使用の禁止

秘密情報の受領者は、以下に定める通り、秘密保持義務を負い、秘密情報の目的外使用が禁止されます。

・開示者の承諾なく第三者に開示、提供、漏えいしないこと
・契約の目的以外の目的で、使用、複製及び改変してはならないこと

これらの規定は、秘密保持契約の核となる部分であり、秘密保持契約には必

2

ず規定されています。ただし、秘密情報を知る必要のある役職員への開示や、法令や裁判等に基づく開示が求められる場合には、秘密情報の開示が必要になるため、開示を認めるための例外規定を設けることが一般的です。

目的外使用の禁止については、本節2.の「(2)契約の目的」で記載した通り、「契約の目的」の広狭と目的外使用等の禁止とが連動していますので、契約の目的は慎重に判断する必要があります。

(5) 秘密情報の複製

秘密情報の複製は原則として自由であるため、これを禁止したい場合には、契約において複製を禁止する必要があります。なお、秘密情報の複製を認める場合でも、無制限に複製されることを防止するため、複製を秘密保持契約の目的の遂行に必要な範囲に限定したり、開示者の事前承諾を得た場合に限り複製を認める旨が明記されることが多いでしょう。

(6) 存続条項

契約終了後にデータ等の秘密情報の転用等を防止するため、契約終了後も秘密保持義務等の一部の条項を存続させるための存続条項を設けます。

存続期間は、存続させる条項ごとに設定することができ、時系列データなど随時更新される情報は、過去の情報が陳腐化しやすく、概ね1年から5年程度の存続期間が定められることが多いでしょう。他方、開示者にとって秘匿性の高い情報を開示する場合や、陳腐化することがない情報を開示する場合等には、10年等の長期の存続期間が定められることがあります。

3 ┃ 検証・開発・運用フェーズにおける秘密保持義務

秘密保持義務は、モデル開発のすべてのフェーズ(アセスメント、PoC、開発、運用)で要求されるため、これらのフェーズを規律する業務委託契約等の中で秘密保持に関する条項が規定されることが多いといえます。

ただし、アセスメントフェーズにおいては、秘密保持契約が締結される場合もあり、当該秘密保持契約の規定とその後の開発プロセスにおいて締結される業務委託契約等に規定される秘密保持条項との間に矛盾や齟齬が生じないようにする必要があります。そこで、この場合には、どちらが優先適用されるかを契約上明示する方法が考えられます。

契約

2-25 契約-4　AIサービス提供契約

ここでは、AIサービスの提供方法の1つであるSaaSについて、その特徴や特有の問題、契約上の留意事項について解説します。

1 はじめに

　AIシステムの提供形態としては、①ベンダーが独自開発し、あるいは委託を受けて開発した「プログラム」をユーザーに提供する形態と、②ベンダーが独自開発し、あるいは委託を受けて開発したプログラムの「機能」をユーザーに提供する形態等があります。さらに、②には、クラウドサーバーにあるソフトウェアの機能をネットワーク経由で提供するSaaS（Software as a Service）があります。

　どのような利用形態を選択するかは、どのようにAIシステムを利用してビジネス展開するかにより異なります。ここでは、近年その利用が急速に増大したSaaSについて解説します。

2 SaaS

(1) SaaSとは

　SaaSとは、インターネット経由でアプリケーション機能を提供するサービスの形態[1]と定義されています。SaaSは、インターネットを通してソフトウェアの機能を利用するサービスである点に特徴があり、近年のDX普及に伴いソフトウェアのSaaS提供は飛躍的に増えています。

(2) SaaSの特徴

　一般的に、SaaSは、インターネットを利用する環境があれば誰でも利用できるサービスであり、ユーザーにとっては、ソフトウェアの開発、提供までの初期投資が不要あるいは軽減できるというメリットがあります。また、利用者数や規模に応じてサービス利用料金を支払えばよく、サービスの提供内容に応

1　経済産業省「SaaS向けSLAガイドライン」（2008年1月21日）3頁。
　https://www.meti.go.jp/policy/netsecurity/secdoc/contents/
　downloadfils/080121saasgl.pdf

じたコストを負担すれば良いというメリットもあります。

　サービス提供者（開発ベンダー等）にとっては、サービス開発コストが大きいというデメリットが生じる場合がありますが、多数人に利用されることが想定されるサービスであるため、高度なスケーラビリティを実現できます。

　その他、サービス提供者がソフトウェアの保守（メンテナンス）を統一的に行うことが可能で、ユーザーごとにメンテナンスをする必要がないため、管理コストを軽減することができる場合もあります。

（3）SaaSの形態・特徴

■非カスタマイズ型

　非カスタマイズ型とは、サービス提供者が同一のサービスを画一的に多数のユーザーに提供する場合を指します。これは、ユーザーの要望に応じたカスタマイズを想定しておらず、サービス提供者の裁量で保守運用を統一的に行えるため、大規模にサービス展開をしやすいという特徴があります。

■カスタマイズ型

　カスタマイズ型とは、一部ユーザーの要望に応じて一部をカスタマイズすることができる場合を指します。これには、UI等をユーザー側でセルフカスタマイズする場合等が想定されます。

■受託開発・共同開発に伴うSaaS提供型

　受託開発・共同開発に伴うSaaS提供型とは、特定のユーザーから委託を受けてベンダーがAIシステムを開発し（あるいはユーザーと共同開発し）、開発したAIシステムの機能を委託者であるユーザーや、それ以外のユーザーに提供する場合[2]を指します。

　受託により開発したAIシステムを委託者のみが利用する類型のビジネスモデルがありますが、「受託開発・共同開発に伴うSaaS提供型」では、ベンダーが、開発したAIシステムを複数の企業に提供することを想定しています。

2　ここでは、ユーザーとベンダーが1対1の受託開発において、AIシステムの納品方法を単にSaaS形式で指定する場合を除く。

(4) SaaS特有の問題

■障害

　SaaSは、ネットワークを経由したクラウドサービスであるため、システムやネットワークに障害が生じると、ユーザーの業務に重大な支障を及ぼすおそれがあります。

■データ消失

　ユーザーは、SaaSを利用する際に、自己の保有するデータをSaaS提供事業者等に預けます。そのため、障害によりユーザーのデータが消失する可能性があり、営業秘密等のデータが消失した場合には、ユーザーの損害は甚大になります。そのような場合を想定して、ユーザーとしては、バックアップサービスの提供を受ける等してデータをバックアップすることが重要です。

　また、SaaSにおいては、データが常にSaaS提供者のサーバーにあり、加えて他のサービス利用企業の情報と同じデータベースに蓄積されることもあるため、データの格納形態やSaaS提供者従業員によるデータのアクセス可能範囲、アクセス時の承認プロセスなどに関するセキュリティ対策を確認することが重要です[3]。

■SLA

　SaaSは、インターネットを経由するサービスであり、かつユーザーは自社のデータをSaaS提供事業者等に預けるため、ユーザーが安心してサービスを利用できるようSLA（Service Level Agreement）が重要になります。SLAには、サービスの品質に関する合意水準が明示されています。SLAについては、「3 SaaS契約」において解説します。

3 　SaaS契約

(1) 契約形態

　SaaS契約は、同一のサービスを多数の人に提供する形式が多いため、統一的な内容を規定する利用規約の形態をとることが一般的です。ただし、「受託開発や共同開発に伴うSaaS提供型」では、委託したユーザーの寄与を反映した

3　前掲1）経済産業省10頁。

条項が盛り込まれることもあり、当該ユーザーとの間では、利用規約ではない1対1のサービス提供契約の形態をとることも考えられます。

(2) 契約条項

SaaS契約では、利用条件、保守条項、SLA条項、知的財産条項が特に重要です。

■利用条件

利用条件としては、サービスの利用方法、利用料、利用期間等を定めます。

利用方法や利用期間は、文字通り、どのような方法でどの程度の期間SaaSを利用するかを定めるものです。また、利用料については、一般にシステムの利用に応じた従量課金であることが多いですが、サービスの内容にもよります。

また、「受託開発・共同開発に伴うSaaS提供型」の場合は、開発におけるユーザーの寄与を反映するため、利用料の減額や、プロフィットシェア等の方法により利益を還元することが考えられます[4]。

上記の他、ユーザーにサービスの独占的利用を認めるかどうかが問題になることがあります。「非カスタマイズ型」や「カスタマイズ型」に関しては、その性質上、複数のユーザーに利用されることが想定されているため、独占的利用を認めないことが一般的です。特定のユーザーから委託を受けて開発したAIシステムに関しては、しばしば委託元であるユーザーの独占的利用が求められることがありますが、ビジネスの拡張可能性、運用コストや利用料の軽減等を考えると、特定のユーザーが独占的に利用するのではなく、非独占的利用を認めることがベンダー、ユーザー双方にとって合理的といえるでしょう(「受託開発・共同開発に伴うSaaS提供型」)。

■保守条項

SaaS契約においては、ベンダーがAIシステムの保守を実施することが一般的であり、利用規約には、不具合修補、障害対応等について何をどの程度の頻度で実施するか等が定められます。

加えて、AIシステムではモデルの追加学習が必要になるため、利用規約において以下のような追加学習についての規定が盛り込まれることがあります。

4　具体的に留意すべき事項については、特許庁「利用契約書ver2.0（AI編）」10頁〜15頁参照。
　　https://www.jpo.go.jp/support/general/open-innovation-portal/index.html

①追加学習により生成されたモデルの権利帰属

追加学習により推論コードを書き換えた場合、当該推論コードの著作権は、追加学習したベンダーに帰属することが考えられます。この点については、追加学習前のモデルの権利の帰属と同様の取扱いになるのが一般的です。

②免責条項

追加学習を行う場合には、新しいデータを入力して学習するため、元のモデルの出力精度や出力傾向が異なる可能性があります。モデルの精度がデータに依存する以上このような変化はやむを得ないため、精度変化が生じること、及びこれについてサービス提供者は責任を負わない旨を利用規約に明記し、ユーザーの承諾を得ておくことが考えられます。

③追加学習に使用するデータの範囲やその利用目的[5]

「受託開発・共同開発に伴うSaaS提供型」の特有の事情として、複数のユーザーから提供を受けたデータを利用して1つのモデルを生成するため、追加学習に利用するデータの範囲やその利用目的を合意する必要があります。

この点、ユーザーによっては、自社のデータを、自社が利用するモデルの追加学習のみに利用することを求める場合があります。しかし、1つのモデルを非独占的に提供する場合、当該モデルの追加学習を統一的に行う方が効率的・低コストで運用できるというメリットがあります。そのため、個人情報管理やその他モデルをユーザーごとに並列運用する要請がない限り、特定のユーザーから提供されたデータのみならず、モデルを利用する複数のユーザーから提供されたデータを使って1つのモデルを生成する方が合理的といえます。またそうすることで、ユーザーとしても高い精度のモデルを利用できるという利点もあります。

■SLA条項

SLA（Service Level Agreement）とは、「サービス品質に対する利用者側の要求水準と提供者側の運営ルールについて明文化したもの」[6]をいいます。サービス提供者がユーザーに対して、サービス提供期間中、一定の水準のサービスを提供することを約する条項です。

5　前掲4）特許庁15頁〜 16頁参照。
6　前掲1）経済産業省20頁。

　ユーザーは、SLAの内容に従い、サービスレベルの維持や、サービスレベル未達成の場合の補償確保等のメリットを享受できます。ソフトウェア・パッケージを「製品」として利用者が購入し、自ら管理を行うことが多い場合に比べ、SaaS提供者が業務用システムの運用管理を実施するSaaSにおいては、SaaS提供者と利用者の間で、保証範囲について合意事項を明文化しておくことが肝要であるとされています[7]。

　SLAの内容としては、「可用性」「信頼性」「性能」「拡張性」「サポート」等の項目が挙げられます。詳細は、経済産業省「SaaS向けSLAガイドライン」[8]が参考になります。サービスの定義や通信速度、利用停止時間の上限、データのバックアップ方法、ログの取得の有無等の保証項目を定めることが多く、当該保証水準を下回った場合の利用料減額条項が盛り込まれる場合もあります。

　SLA条項は、契約の一部として記載される場合もあれば、独立の文書により定められる場合もあります。

■知的財産条項

　AIシステム（とりわけモデル）の著作権が誰に帰属するのかを明記する必要があります。

　モデルの製作者に権利が帰属すると考えるならば、基本的にはSaaS提供者に権利が帰属するといえます。 また、SaaS契約では、ベンダーがその裁量により継続的に保守運用を実施することが想定されていますので、SaaS提供者に著作権が帰属すると記載された利用規約が多いといえるでしょう。

　ただし、「受託開発・共同開発に伴うSaaS提供型」の場合には、委託者であるユーザーとベンダーとの間で権利の帰属について争点になりやすいため、ベンダーに権利を帰属させる代わりに、利用条件を調整するなどして柔軟な対応を図ることが考えられます。

　なお、追加学習により生成されたモデルの権利帰属については、「(2)契約条項」の「■保守条項」を参照してください。

7　前掲1）経済産業省20頁。
8　前掲1）経済産業省別表。

第2章の参考文献

第2章でURLの記載のない資料など中心にまとめました。ご参照ください。

- 特許庁「知的財産権制度入門」(2019年)
  https://www.jpo.go.jp/news/shinchaku/event/seminer/text/2019_syosinsya.html
- 特許庁「AI関連発明の出願状況調査 報告書」(2022年10月)
  https://www.jpo.go.jp/system/patent/gaiyo/sesaku/ai/document/ai_
  shutsugan_chosa/hokoku.pdf
- 経済産業省「AI・データの利用に関する契約ガイドライン (AI編)」(2018年6月)
  https://www.meti.go.jp/policy/mono_info_service/connected_industries/
  sharing_and_utilization/20180615001-3.pdf
- 「新たな情報財検討委員会 報告書 −データ・人工知能 (AI) の利活用促進による産業競争力強化の基盤となる知財システムの構築に向けて−」(2017年3月)
  https://www.kantei.go.jp/jp/singi/titeki2/tyousakai/kensho_hyoka_kikaku/
  2017/johozai/houkokusho.pdf
- 個人情報保護委員会「個人情報の保護に関する法律についてのガイドライン」に関するQ&A
  https://www.ppc.go.jp/personalinfo/faq/APPI_QA/
- 経済産業省「事業者が匿名加工情報の具体的な作成方法を検討するにあたっての参考資料 (「匿名加工情報作成マニュアル」) Ver1.0」(平成28年8月)」
  https://www.meti.go.jp/policy/it_policy/privacy/downloadfiles/tokumeikakou.pdf
- 個人情報保護委員会「外国における個人情報の保護に関する制度等の調査 (報告書) (令和3年11月)」及び「外国における個人情報の保護に関する制度等の調査 (報告書) (令和4年3月)」。
  https://www.ppc.go.jp/news/surveillance/
- 一般社団法人日本ディープラーニング協会　契約締結におけるAI品質保証の在り方研究会「契約締結におけるAI品質ハンドブック」(2021年7月21日)
  https://www.jdla.org/wp-content/uploads/2021/08/jdlasg2002_handbook.pdf

AI倫理とAIガバナンス

3-1 AI倫理とAIガバナンスの概要

第3章で学ぶAI論理とAIガバナンスの概要について学びます。

1 AI倫理・AIガバナンスとは

(1) 導入

　AIの社会への普及が進むにつれて、AIが社会にさまざまな影響を与えてきています。その中には、当然、社会的に望ましくない影響も存在しています。たとえば、採用時の書類選考を行うAIを開発したところ、男性を優遇するAIになったという例が報告されています。第3章では、このような問題を中心に扱っていきます。ここでは、いくつかの用語の定義を行います。

(2) AI倫理

　上記のようなAIがもたらす社会的に望ましくない影響について、AI倫理という言葉が用いられることがあります。AI倫理という言葉の定義は明確になされているものではありませんが、概ね、AIがもたらす倫理的な課題を指しているものです。

　また、信頼できるAI（trustworthy AI）という言葉が用いられることもあります。これは、倫理という観点ではなく「信頼して利用できるか」という点に重点を置いていますが、具体的に考えていることに大きな差はないでしょう。

(3) AIガバナンス

　また、AIガバナンスという言葉が、上記のような望ましくない影響を議論する際に用いられることがあります。これは、「ガバナンス」という以上、企業等の統治について述べるものです。なお、AIをより積極的に利活用等していくための組織ガバナンスという意味合いでAIガバナンスという言葉が用いられることもありますが、本書では、「望ましくない影響を取り除くまたは最小化するためのガバナンス」という意味合いで用いるものとします。

　そこで、本書では、AIサービスや製品を提供する研究者や企業が、AIシステムやサービスの企画段階に始まり、データの取得・提供から、サービス提供や運用に至る一連の流れの中で、事故や事件が起きないような管理体制をどの

ように取れば良いかを「AIガバナンス」として扱います。

2 法と倫理

(1) 法

　第2章で説明した、法と倫理の関係を見ていきましょう。**法は、必ず遵守する必要があるもの**です。状況に応じて適用しないということや、緩やかに適用するということはできません。法に定められている通りに適用し、遵守する必要があります。その意味で、最低限守るべきものということになります。

(2) 倫理

　次に倫理については、上記のような法とは異なるものです。倫理上のルールというのは、法のように明文になっている訳ではなく、かつさまざまな例外があります。また、このようなことから内容が明確であったり一義的であったりせず、人により倫理が異なるところがあります。

　たとえば、「嘘をついてはいけない」これは倫理上のルールです（嘘をついて、かつ物を得た場合は詐欺であり、これの禁止は法律の問題です）。しかし、相手の気持ちを思いやっての軽い嘘など、ルールが適用されない場合が多数存在するところで、かつ人により、このルールが適用されない場合の範囲が異なるでしょう。

　法と倫理は、ともに社会的なルールであるという点では共通がありますが、上記のような点に差異があるといえるでしょう。

(3) 法と倫理

　また、法と倫理の関係については、法は最低限守るべきルールであることからすると、「**法をしっかりと守った上で、倫理についても守る**」という関係にあることになります。つまり、法から見ると、倫理はプラスα的な意味合いということになります。

　そして、法さえ守っていれば良いという訳ではないことに注意する必要があります。つまり、「**法だけでは最低限であり、社会的に求められる倫理を守る必要は別途存在する**」ということです。

3 AIと社会

(1) 企業を見直す

　近年、環境保護、人権保護など企業に対する倫理的な要求は日々高度になっています。法的に問題がなくても、倫理上問題がある企業の行為に対する嫌悪感を持つ人が増えており、SNSの普及などにより、そのような意識が広く共有され、不買運動などの活動につながっていきます。

　また、このようなレピュテーション（企業の評判）に対するリスクだけではなく、経営理念や経営ポリシーという点からも「倫理の遵守」ということをとらえる必要があります。つまり、多くの企業では、社会に貢献することや未来を作り出すなどの、企業理念や企業ポリシーが存在しているはずです。これらは倫理的な要求を守って初めて実現できるはずです。つまり、AI倫理を考えることは、「どのような企業でありたいか」を見つめ直すことになるのです。

(2) 社会を見直す

　また、AI倫理は社会からの要請でもあります。ただし、倫理は内容が明確ではないところがあります。このため、社会から求められる倫理上のルールに従うというだけではなく、「何が倫理上のルールなのか」を自ら検討していくことが必要になります。つまり、あるべき倫理を自ら考えていく必要があり、そのためには、「どのような社会であるべきか」を考えていく必要があります。

(3) AI倫理のとらえ方

　AI倫理に取り組むにあたって、その意識としては、「守るべきルールをただ守る、企業のレピュテーションの低下を下げるために取り組む」というような消極的な姿勢は望ましくありません。上述の通り、「どのような企業でありたいか」、「どのような価値を社会に提供したいか」という、より積極的な要素に着目する必要があります。つまり、冒頭の例で紹介したような不当な男女差別的な判断を行う採用AIは市場に受け入れられません。よって、AIを改良して男女差別というAI倫理上の課題に対応することは、AIの品質を向上することであり、社会に受け入れられ、より多くの人に使ってもらえるAIを作るという積極的な意味があり、この点を忘れてはなりません。

(4) 倫理洗浄

　また、AI倫理への対応は、**倫理洗浄**であってはなりません。倫理洗浄とは、中身を伴わず倫理的な見栄えをよくすることをいいます。

　たとえば、実際の行動を伴わず、口先や文書だけは倫理上立派なことをいうなどです（倫理ポリシーが現場に浸透していないなど）。他の例として、Fairwashingという不公正なAIの出力を、あたかも公正であるかのように見せかける技術も存在しています。

4　本章の構成

　AI倫理の議論については、「何が保護すべき倫理上の価値や原則であるか」という点を中心に議論が進んできました。このため、本書では、まず、広く提示されているこのような価値や原則について一覧した後、価値や原則ごとに節を作り解説を行います。最後に、AI倫理上の課題に対応するためのAIガバナンスについて説明を行います。

3-2 国内外の諸ルール

AI倫理、AIガバナンスに関する国内外のさまざまなルールを見ていきます。

1 ソフトローとハードロー

(1) ソフトローとハードロー

　まず、最初にソフトロー（soft law）とハードロー（hard law）について説明します。ハードローから説明しますと、典型的には法律で、国や地方公共団体等の政府が定めた法的な遵守義務が生じるルールになります。対してソフトローとは国等だけではなく業界団体や学会などが定める自主規制、ガイドラインや努力義務のようなもので、遵守義務はありません。

　「ソフトローのような遵守義務がないものに効果があるのか」と疑問に思うかもしれませんが、実務上は一定の効果がある場合が多いため、無視することはできません。

　また、ソフトローとハードローを比較した場合、ハードローは、法律の形で明文に定められることから、法律に従った適用が求められ、**厳格な運用が必要**になります。対して、ソフトローは、法律ではないので、例外やルールの緩和を認めたりと**比較的柔軟に運用**することができます。また、ルール改正においても、ハードローは法律改正手続きが必要になり、国会での審議等が必要になりますが、ソフトローではそのような必要がなく、迅速にルール変更が可能です。

(2) 制定主体

　既に述べましたが、ハードローの制定主体は、国や地方公共団体です。対して、ソフトローですが、政府が定めることもあります。また、強制力がないことから、業界団体や学会といったさまざまな主体が定めることができます。

2 国・国際機関によるルール

次に、国等の政府や国家機関によるソフトローやハードローを見ていきましょう。

(1) 日本

■人間中心のAI社会原則（ソフトロー）

2019年に統合イノベーション戦略推進会議が作成した「人間中心のAI社会原則」では、①人間中心の原則（基本的人権の保護等を内容とする）、②教育・リテラシーの原則、③プライバシー確保の原則、④セキュリティ確保の原則、⑤公正競争確保の原則、⑥公平性、説明責任及び透明性の原則、⑦イノベーションの原則が社会で実現されるべき原則として挙げられています。

■AI利活用ガイドライン（ソフトロー）

2019年に総務省が作成した「AI利活用ガイドライン」は、AI利用者が留意すべき事項として、①適正利用の原則（AIと利用者間の適切な役割分担）、②適正学習の原則（学習用データの質）、③連携の原則、④安全の原則、⑤セキュリティの原則、⑥プライバシーの原則、⑦尊厳・自律の原則、⑧公平性の原則、⑨透明性の原則、⑩アカウンタビリティの原則を挙げています。

■AI原則実践のためのガバナンス・ガイドライン（ソフトロー）

経産省の定める「AI原則実践のためのガバナンス・ガイドライン」（2021年）では、AIが守るべき原則の実践を支援するべく、実施すべき行動目標を提示し、実践例や実務的な対応例を示しています。

(2) EU

■Ethics guidelines for trustworthy AI（ソフトロー）

EUは、2019年に信頼できるAIの実現を目指して「Ethics guidelines for trustworthy AI」（信頼できるAIのための倫理ガイドライン）を定め、その要求事項として、①人間中心と人間による監督、②技術的頑健性と安全性、③プライバシーとデータガバナンス、④透明性、⑤多様性、平等、公平、⑥社会的・環境的良好、⑦アカウンタビリティを挙げています。

■AI規制法案（ハードロー）

さらに、EUは、2021年にAIに関するハードローを定めるべくAI規制法案を公開しました。ここでは、AIの持つリスクの大小に応じて規制内容を変えるリ

スクベースアプローチが採用されており、法執行目的でのリアルタイム遠隔生体認証などの最もリスクの高い種類のAIは、利用が禁止されています。

　また、採用などに用いられるハイリスクなAIは、一定の要求事項（データの品質、必要なドキュメントの作成、説明書の添付など）を満たすことが求められ、AIの提供者にこれらを満たすかを確認する適合性アセスメントの実施等を求めています。

　禁止でもハイリスクでもないAIについては、特段の規制はされていませんが、ハイリスクAIの要求事項を満たすよう努めるよう求められています。

　また、チャットボットや生成モデル（公式テキスト6-2参照）などの特殊なAIについては、別途、人間ではなくAIであることを伝えることや生成したコンテンツに一定の表示を入れるなどが求められています（これはハイリスクAIであっても、追加で求められます）。

(3) アメリカ

■条例

　アメリカでは、各都市が独自の条例を出しAIの利用を制限していることがあります。たとえば、サンフランシスコ市は、2019年に公的機関の顔認識技術を制限する条例を制定し、類似の条例が他の都市でも出されています。

　また、ポートランド市では公共施設での顔認識の利用を公的機関かを問わず制限する条例を2020年に定めるなど、**公的機関だけでなく私的企業における利用を制限する例も少数ながら存在しています。**

■各省のガイドライン

　また、アメリカではいくつかの政府機関が所轄業務に即したAI倫理に関するガイドライン（ソフトロー）を出しています。たとえば、国防総省は、2021年に「Responsible AI Guidelines」を、FDA（食品医薬品局）は、2021年に「Artificial Intelligence/Machine Learning（AI/ML）-Based Software as a Medical Device（SaMD）Action Plan」を発表しています。

■ホワイトハウス

　トランプ元大統領は、「Executive Order on Maintaining American Leadership in Artificial Intelligence」という大統領令を発し、各政府機関にAI開発の促進を促すと同時に、AI倫理上の問題への配慮を求めています。

■NIST

商務省に属するNIST（国立標準技術研究所）は、AIのリスクマネジメントのためのフレームワークを確立するべく、「AI Risk Management Framework」（ソフトロー）のドラフト版を2022年に公開しています。

(4) OECD

■Recommendation of the Council on Artificial Intelligence（ソフトロー）

OECDは、「Recommendation of the Council on Artificial Intelligence」を2019年に発表し、信頼できるAIのための原則として、①包括的な成長、サステナブルな発展と幸福、②人間中心主義と公平性、③透明性と説明可能性、④頑健性、セキュリティと安全性、⑤アカウンタビリティを挙げると同時に、政策決定者向けの推薦事項として、a.AIの研究と発展のための投資、b.AIのためのデジタルなエコシステムの発展、c.AIを発展させるための政策環境の形成、d.人間の能力向上及び労働市場の変革への準備、e.信頼できるAIのための国際的な協力を挙げています。

■OECD Framework for the Classification of AI Systems（ソフトロー）

また、OECDは、2022年にさまざまなAIのリスクを把握できるように、AIの分類フレームワークである「OECD Framework for the Classification of AI Systems」を発表しています。

(5) その他

上記の他にも紹介しきれないくらい多数のガイドラインがさまざまな国や国際機関等から発表されています。どのようなものが発表されているかまとめた論文やレポートが存在しますので、調査してみてください。

3 学会・団体によるルール

(1) IEEE

IEEE（米国電気電子学会）が2019年に公表した「Ethically Aligned Design, First Edition」では、①人権、②幸福、③データエージェンシー、④効率性、⑤透明性、⑥アカウンタビリティ、⑦誤用への配慮、⑧人材の適正を重要な原則とされています。

(2) Partnership on AI

　Amazon、Facebook、Googleなどが立ち上げたAIがもたらす問題に関する研究団体であるPartnership on AIは、AI倫理に関するレポートを多数発表しています。

4 企業によるポリシー

　企業が独自に社内ルールとして、AIに関するポリシーや原則などを定める例も存在します。Google、Microsoft、IBMなどの外国企業のみならず、SONY、富士通、NECなど日本でも大手IT関係企業を中心に策定がなされています。また、株式会社ABEJAなど、スタートアップ企業であってもAIに関するポリシーを発表する例も見られます。

5 補足及びまとめ

(1) 品質との関係

　AI倫理に関するガイドラインとは異なりますが品質に関するガイドラインでAI倫理が品質の一部とされることもあります。たとえば、国立研究開発法人産業技術総合研究所の「機械学習品質マネジメントガイドライン」では、公平性が品質とされ、AI プロダクト品質保証コンソーシアムの「AIプロダクト品質保証ガイドライン」でも公平性や説明可能性等が品質要素とされています（3-1参照）。

(2) まとめ

　以上AIに関するルールをさまざまに説明してきましたが、現在のところ基本的にはソフトローによるルール化が多いといえそうです。ただし、特定分野や特定データ（個人情報）について一定のハードローの規制が存在することがあるので、これらの調査が必要になります。

　また、多くのガイドライン等は「AIが守るべき価値や原則が何か」に関するものでしたが、この点についてはガイドライン間で大きな差異はなく、概ね価値や原則については議論が収束しています。そのため、近時では、これらの価値等を実際に実装するための方法論やフレームワークに議論の中心が移っているといえます。実際の運用では、公平性確保のためにプライバシーが犠牲になるというような、異なる価値の間の対立が生じる場合があります。これをどう調和していくかも重要な問題といえます。

3-3 プライバシー

ここではプライバシーについて、どのような問題があるかを中心に検討しましょう。

1 プライバシー

(1) プライバシーとは

まず、プライバシーとは何でしょうか。どのように定義されるものなのでしょうか。プライバシーの定義については、さまざまな見解があり、かんたんに定義できるものではありません。

伝統的に権利としてのプライバシーは、「ひとりで放っておいてもらう権利」であったり「私生活をみだりに公開されない権利」のような個人の私的領域に他者を無断で立ち入らせない権利としてとらえられてきました。ところが現在ではさらに進んで「自己に関する情報をコントロールする権利」としてとらえようとすることがあります。

後者のような自己情報コントロール権としてとらえた場合、プライバシーの内容として、本人の予期しない取り扱いの防止やプライバシー情報の取り扱いに本人が積極的に関与できることが重要になってきます。

本書でもプライバシーを自己情報コントロール権としてとらえて説明を行います。

なお、プライバシーも権利として保護された場合は、プライバシー権として法的な権利となり、これへの侵害は損害賠償等の法的な制裁を伴うことになります。

(2) 問題の所在

AIとの関係で生じるプライバシー上の問題については、さまざまなものが含まれています。これをどのように整理するかはさまざまな考えがあり得るところですが、本書では、次の通り、データ収集段階と推論段階で分けて整理します。

まず、データ収集段階における問題です。この段階では学習用データとして多数のデータが収集されます。このようなデータの収集自体がプライバシー上

の問題といえます。また、収集自体には本人の十分な同意があったとしても、AIの学習に用いることには十分同意していないこともあるでしょう。これもプライバシー上の問題です。また、同様のことが学習用データだけではなく推論用データの収集についてもいえます。

　続いて、**推論段階における問題**です。この段階でも、データの収集段階と同じく、推論用データの収集自体によるプライバシーの問題等が生じますが、加えて、「AIによる推論によりプライバシー事項が推測されてしまう」という問題が存在します。また、「AIによる推論が誤っていた場合、真実ではないデータが生まれてしまう」という問題も存在します（自己情報コントロール権の侵害ということになり得ます）。

　なお、本節の解説では、個人情報保護法等の法律が遵守されていることを前提とします。これらの違反がある場合は、法律違反であり、それ自体が別の問題であるためです。

2　データの収集段階での問題

（1）事例

　データ収集段階が問題になった事例として、ケンブリッジ・アナリティカ社の事件を紹介します。

　データ分析を行い効果的なメッセージを送信するなどのサービスを行っていた選挙コンサルタントの同社が、心理学者により作成された心理テストを利用し、当該テストを受けた者だけではなく、友人に関するデータも収集して、2016年のアメリカ大統領選挙等に利用していたという事案です。心理学者から収集したデータの同社への譲渡による適法性の問題点はここでは割愛します。

　対象者の政治的傾向の推測に関する問題や、民主主義への介入といった他の点も議論されていますが、上記のような情報収集の適切性も問題となりました。特に、心理テスト利用者のほとんどが、上記のような利用をされると知らず、また友達に関するデータも収集されるとは知らずに、利用規約に同意していたものと考えられ、仮に知っていれば同意していなかったと思われます。

（2）収集段階での問題

　現在、インターネットやスマートフォンの普及により大量のデータが生成されるとともに、それを収集することが容易になっています。このため、多くのITサービス事業者がユーザーのデータを収集しています。この際、利用規約等でデータを収集することの同意を得ており、データの利用目的を明示していますが、多くのユーザーは難解で分量の多い利用規約を読むことはありません。読むことなく利用規約に同意して事業者にデータの収集を許しているのです。

　また、仮に読んだとしても、ITサービスの中には特定の事業者が独占的な地位を占めていることがあり、利用規約の変更は不可能で、サービスを利用しないというのも難しいことが多いのが現状です。

　さらには、監視カメラのように、本人がデータを取得されていることに気づくことが難しい場合も存在します。このような本人の意思とのギャップこそがプライバシー上の問題となる訳です。

（3）利用目的の問題

　収集時の利用目的に関する問題も存在します。収集時に利用目的の通知・公表・明示が求められますが（2-15参照）、利用規約等に記載された利用目的をユーザーが読むとは限りません。

　また、現在の個人情報保護法上、「AI開発」程度の利用目的の特定しかない場合も見られるため、どのようなAIに利用されるのか本人には分からないという問題点が存在します。

　ここでも収集と同様に、本人の意思とのギャップがプライバシー上の問題となっています。

3 ┃ 正確な推論によるプライバシー上の問題

（1）事例

　推論によるプライバシー侵害の事例としてリクナビの事案を紹介します。

　リクルートキャリア社（現在はリクルート社に吸収合併）が運営する就職支援サイトであるリクナビにて、学生のリクナビでの閲覧履歴などから内定辞退率を算定し、これを契約企業に提供するというサービスを行っていました。

　そして、2018年度卒業生向けのリクナビ2019では、同社が契約企業から氏名等の提供を受けるのではなく、契約企業が学生向けに実施したウェブアンケートを通じて契約企業ごとに固有の応募者IDとクッキー（Cookie）情報を取得していました。その上でリクナビ上での閲覧情報から算定された内定辞退率と応募者IDをクッキー（Cookie）情報により突合していました。なお、この後、契約企業から氏名の提供を受け氏名で突合することになりますが、これについては個人情報保護法上の違反が認められた事案のため、ここでは割愛します。

　同社は、上記のスキームでは内定辞退率を提供する同社が個人を識別できないとして、契約企業側では識別可能と知りながら、個人情報の第三者提供の同意取得を回避しており、これ自体は当時の個人情報保護法上の違反はありませんが（2-16参照）、法の趣旨を潜脱したものといえます。

　問題点としては、そもそも学生にとっては知られたくない内定辞退に関する傾向を予測するということ自体が挙げられます。また、他にも内定辞退率を計算して企業に提供することを、どの程度学生に示していたのかという透明性も問題となります。

（2）推論にかかる問題

　現在AIの発達により、さまざまな事項を正確に推論できるようになっています。そして、正確な推論がなされることの問題は、知られたくない事項がAIによる推論により推測されてしまうということにあります。性的志向、宗教観、健康状態などの一般人から見て特に知られたくないような要保護性の高い事項の推論や日本中の道路のいたるところに顔認識AIを導入するような広範な推論の実施などは、プライバシー上問題となることが多いでしょう。

　また、侵害されるプライバシーは、推論対象者のものだけとは限りません。たとえば、家族構成や家族に一定の病気の者がいるか、または推論対象者と知人が交友関係にあるかを推論するような場合は、第三者のプライバシーも問題となります。

　このような推論によるプライバシー侵害の特徴としては、まず、時に推論対象者である本人も予測できないような事項の推論が行われる可能性があることです。たとえば、顔写真から、どの政党を支持しているか予測できるとの研究も存在します。この場合、顔写真の取得を許した本人としては、まさかどの政

党を支持しているかを推論されるとは予測できないでしょう。

　もう1つの特徴としては、本人が推論結果を容易に知ることができないということです。一応は、個人情報の開示請求権が存在しますが（2-15参照）、利用にはハードルがあるのが現状です。さらに、個人情報の第三者提供後は、提供先では別の利用目的での利用が可能であり、本人としては、どのような推論結果がどう使われるのか、非常に認識しづらくなります。

　このような点から、プライバシー確保のためには、AI開発や導入プロジェクトの開始段階からのチェックや透明性の確保が重要となります。

4　誤った推論によるプライバシー上の問題

　次に誤った推論によるプライバシー侵害について説明します。

　推論を誤った場合、その間違った情報が、真実であるかのようなデータとして保存されることになります。たとえば、店舗の防犯カメラを用いてAIが万引きかどうかを判定する場合に、判断を誤って「万引き」と判断された場合、対象者が万引き犯人であるかのようなデータが作成され、保存されることになります。

　そのようなデータが保存され、利用されることにより生じる不利益はもちろん、場合によっては第三者に提供されることもあり得ます。

　この場合も、先ほどの正確な推論の場合と同じく、どのような推論がされたか分からない等の問題があります。

5　対応策

（1）プライバシー・バイ・デザイン

　プライバシー上の問題に対応するためには、プライバシー・バイ・デザインが重要です。これは、システムやAI開発の仕様段階からプライバシー保護の取り組みを実施することをいいます。プライバシー上の問題点のいくつかは、「要保護性の高い事項を推論して良いのか」というような、AI開発の初期段階から発見しやすい問題のため、このようなアプローチは非常に有効です。

（2）透明性の確保

　また、透明性の確保も、プライバシーの点からは重要です。透明性について

は後に詳しく説明しますが（3-7参照）、プライバシーの問題の多くが、本人への説明の不足が課題となっていることから、本人への情報提供、すなわち**透明性**が重要になります。

　なお、総務省の「カメラ画像利活用ガイドブック」[1]では、カメラ画像や動画に絞って、プライバシーの観点から、どのような事項を、どのように（ホームページに掲載するのか掲示文書を出すのか等）説明するのが良いかについて検討しています。

（3）連合学習

　連合学習（federated learning）という手法への注目が高まっています。これは、データを集約せずに各デバイスに分散したまま学習を行う手法です。

　たとえば、各ユーザーはスマートフォンを持っており、サービス提供企業はサーバー上にモデルを持っているとします。サーバー上のモデルが、まず、各ユーザーのスマートフォンにダウンロードされ実行されます。その後、各ユーザーのスマートフォンで各ユーザーのデータを用いて学習を行います。そして、各ユーザーのスマートフォンは学習結果の差分をサーバー上に送信します。サーバーでは各ユーザーからの差分を用いてサーバー上のモデルを改善学習します。すなわち、ユーザーのデータがスマートフォンから送信されることなく、全ユーザーのデータを反映した学習が可能となるのです。

（4）差分プライバシー、k-匿名化

　また、差分プライバシーやk-匿名化という技術も存在します。詳細は、後ほど説明します（3-5参照）。

（5）データ管理コンソール

　個人情報を収集する事業者において、本人が個人情報の提供の可否や範囲、承諾の撤回などを行え、かつこれらの現状をかんたんに把握できるツールやコンソールを提供することも、有用でしょう。

1　総務省「カメラ画像利活用ガイドブック」：
　https://www.meti.go.jp/press/2021/03/20220330001/20220330001.html

演習問題3-3

問題1

AI技術の利活用はユーザーに多くの利益をもたらす一方で、個人情報の流出や濫用といったリスクの原因にもなる。プライバシー侵害の可能性を事前に予測し、仕様段階から防止策を組み込もうとする考え方は次のうちどれか。最も適切な選択肢を1つ選べ。

A　プライバシー・バイ・デザイン
B　プライバシー・バイ・プロダクト
C　プライバシー・オン・デマンド
D　プライバシー・ヴィア・メカニクス

解答 **A**

解説 ••

AIの設計・仕様段階からプライバシー上の問題について検討し、対応策を検討しておくことを**プライバシー・バイ・デザイン**といい、プライバシー上の問題の有効な対応策となり得る手法です。

問題2

データの収集時、実装・運用・評価時においてパーソナルデータの利用に関して留意すべきこととして、最も不適切な選択肢を1つ選べ。

A　サービス利用者についてのパーソナルデータを顧客に提供する場合、利用者の納得に配慮する必要がある。
B　寡占状態にあるなど、特定のサービスで優越的地位にある場合、それを濫用していないか考慮する必要がある。
C　データ運用時には、個人情報の収集時の同意内容と別の目的に用いることにならないか再確認する必要がある。

（問題文次頁に続く）

D　個人情報の利用には慎重な対応が求められるため、自由に利用することができる故人のデータを積極的に利用するのが良い。

解答　D

解説 •••

　故人のデータであっても、それが故人の子供らの近親者のプライバシー情報になり得る（典型的には遺伝病などですが、個人の不名誉な行動なども含まれるでしょう）ため、自由に利用できる訳ではありません。

問題3（オリジナル問題）

　AIにおいてプライバシー保護は重要な課題であるが、以下の選択肢のうち最も不適切な選択肢を1つ選べ。

A　権利としてのプライバシーを「私生活をみだりに公開されない権利」というだけではなく、自己情報コントロール権ととらえる見解も主張されている。
B　プライバシーも法的に保護される場合には、その侵害は損害賠償請求権の対象となり得る。
C　本人のプライバシー情報を収集するにあたり、規約等で収集する旨の同意を定めておけば、本人がそれを読んでいなくても、それ本人の責任のため、法的にも倫理的にも問題なく、収集可能である。
D　SNSでの情報収集について、SNS側の利用規約の不備を突いて大量の情報を収集するようなことは、SNS運営会社側やSNS利用者の合理的な期待に反するものとして倫理的に不適切な可能性がある。

解答　C

解説 •••

　本人が利用規約等を読んでいないことを利用して、好きにプライバシー情報を利用することこそがAIにおけるプライバシーの問題の重要な点なのです。

問題4 (オリジナル問題)

AIとプライバシーについて、最も不適切なものを1つ選べ。

A AIが守るべき価値としてプライバシーが存在し、公的なさまざまなガイドラインでもプライバシーが守るべき価値として挙げられている。

B プライバシーについては、技術的に保護することが可能であり、プライバシー上の問題があるから一定のAIの導入をあきらめるというようなことは行うべきではない。

C プライバシーを保護する技術としては、連合学習、k-匿名性などの技術が存在する。

D カメラ画像の利活用にあたっては、本人が撮影されていることに気づくことが難しい場合があるということを配慮して、プライバシーを検討する必要がある。

解答 **B**

解説 ....

必要もなくセンシティヴな事項を推論する等、プライバシー上の問題が大きいためにAIを開発すべきではない場合が当然存在します。

3-4 公平性

ここではAIが守るべき価値の1つである公平性やバイアスの排除について、どのような問題があるかを中心に検討しましょう。

1 事例紹介

　AI倫理における公平性の問題とは、AIが行う決定が公平なのかを問う問題です。まず、公平性に関する事例をいくつか紹介します。

(1) COMPAS事例

　アメリカの裁判所で使われていたCOMPASという刑事被告人の再犯のリスクを1から10で表示するAIが存在しました。このAIについて、リスクスコア4以下を低リスク、8以上を高リスクとして扱ったところ、白人と黒人の間で公平性のない状態（バイアスの存在する状態）が認められるとの批判が、報道機関であるProPublicaにより2016年になされました。

　具体的には、後日実際には再犯しなかった黒人のうち誤って高リスクと判定された人の割合が44.9%なのに対して、白人の場合が23.5%であったのです。また、後日実際には再犯した白人のうち誤って低リスクと判定された人の割合が44.7%なのに対して、黒人の場合が28.0%でした。つまり、間違い方が白人に有利で黒人に不利になっており、バイアスが存在するということです。

　なお、COMPASは入力に白人か黒人かという点を用いていませんでしたが、上記のような結果になっており、他の入力から白人／黒人を事実上読み取っていたとの推測も可能です。たとえば、アメリカでは白人が多く居住する地域、黒人の同様の地域というものが存在しており、この場合、住所から事実上白人か黒人かが読み取れてしまいます。住所が人種の**代理変数**（つまり、人種を推測させる入力変数）になっているといわれます。

　ただし、このような分析には反論も存在しており、「リスク1の人の実際の再犯率が白人・黒人とも（たとえば）ほぼ10%でほぼ同じであり、リスク2の場合も同様に15%、以下リスク10まで白人黒人とも概ね同じ再犯率になっており、バイアスは存在しない。白人と黒人では黒人の方は再犯率が高いという再犯率

の分布に差が存在する以上、ProPublica側の述べる差は必然的に生じるものである」との反論がなされています。つまり、再犯率が高い人には、AIは再犯するという予測を行います。その結果、高リスクと予測したのに再犯しなかったという誤りが増えてしまいます。

　この反論の意味するところは、バイアスが存在するとのProPublicaの批判は偽陽性率・偽陰性率(以下の混同行列ともに公式テキスト4-2参照)を指標にして人種によりバイアスが存在するというものであるのに対して(つまり、再犯の有無を軸に白人だけの混同行列と黒人だけのものを作成して比較を行う)、反論側は別の指標を用いてバイアスがないと述べている訳です。つまり、指標によりバイアスの有無が異なってくるということを意味しています。

(2) 人材採用支援AI

　Amazonが人材採用支援のために開発していた採用支援AIもバイアスの事例として有名です。これは同社が2014年から開発していた採用支援のための書類選考AIに男女のバイアスが存在し、男性を有利にする傾向が存在したというものです。開発チームはこれに気づき修正を試みましたが、うまくいかず開発を断念しています。

　ここでも、上記した代理変数の問題が生じており、入力には男女を用いていなかったのですが、「女子大学」といった点をマイナス評価したり、男性が好む言葉(executedなど)に着目する傾向があったようです。

　原因として、学習用データがエンジニアを対象としており、過去のデータが男性に偏っていたことが指摘されています。

(3) 顔認識AI

　また、顔認識AIにおけるバイアスも非常に有名です。顔認識とは顔画像を分析する技術であり、典型的には、既に有している顔画像データベースに対象となる顔と同じ顔が存在するかの判定を行うものです。このような顔認識AIサービスをさまざまな企業が提供していましたが、これについて肌の色(典型的には白人黒人)及び性別の点で正解率(または裏返しの不正解率)に大きな差が存在することが2018年、2019年に指摘されました。

　たとえば、ある企業の提供する顔認識AIの場合ですと、不正解率が女性で18.73%、男性で0.57%、肌の色が暗い人で15.11%、明るい人で3.98%、女性で

暗い人が31.37%、男性で暗い人が1.26%、女性で明るい人が7.12%、男性で明るい人が0%となっています。

▼ある企業が提供する顔識別AIの不正解率

不正解率 (性別)	
女性	男性
18.73%	0.57%

不正解率 (肌の色)	
暗い	明るい
15.11%	3.98%

不正解率 (性別と肌の色)	
女性で暗い	女性で明るい
31.37%	7.12%
男性で暗い	男性で明るい
1.26%	0%

　なお、数字のもとになった論文は以下の表を参照（対象企業はAmazon）

Table 1：Overall Error on Pilot Parliaments Benchmark,August 2018(%)

Company	All	Females	Males	Darker	Lighter	DF	DM	LF	LM
Target Corporations									
Face++	1.6	2.5	0.9	2.6	0.7	4.1	1.3	1.0	0.5
MSFT	0.48	0.90	0.15	0.89	0.15	1.52	0.33	0.34	0.00
IBM	4.41	9.36	0.43	8.16	1.17	16.97	0.63	2.37	0.26
Non-Target Corporations									
Amazon	8.66	18.73	0.57	15.11	3.08	31.37	1.26	7.12	0.00
Kairos	6.60	14.10	0.60	11.10	2.80	22.50	1.30	6.40	0.00

Inioluwa Deborah Raji, Joy Buolamwini「Actionable Auditing: Investigating the Impact of Publicly Naming Biased Performance Results of Commercial AI Products」より引用

　この原因としては、データセットの偏りが指摘されています。また、2019年の指摘では2018年にバイアスの指摘を受けた企業について再調査を行い正解率やバイアスが緩和されていることが報告されています。つまり、ある程度のバイアスの緩和ができたということです。
　顔認識AIは警察が容疑者探しに利用していることもあり、このようなバイアスは誤認逮捕につながりかねないもので、現にアメリカでは顔認識AIを原因と

する誤認逮捕が生じています。このような点から、2020年に発生した警察官による黒人殺害事件を発端とする**Black Lives Matter**運動を受けて、**複数の大手IT企業が顔認識AIサービスからの撤退や警察への提供の一時見合わせなどに踏み切りました。**

3

2　人間の持つバイアス

　上記のようなAIによるバイアスが生じる原因として多いのが、**人間が元から持つバイアス**です。つまり、人間が元から持つバイアスがデータに反映され、AIにバイアスが生じるという訳です。

　ここで注意しなくてはならないことは、差別的な人間でなくても人間は誰しもバイアスを持っているということです。たとえば、医者やプログラマーと聞いて、男性をイメージする人が多いかもしれません。これは、我々がステレオタイプに基づいた判断を行っているためですが、このようなステレオタイプによる判断は、人間が生存のために瞬時に判断を下せるように進化の過程で身につけたものであるとの説明がされることがあります（つまり、野生のトラに遭遇した場合、これが危険かを慎重に判断するよりも、「体の大きなネコのような動物は危険」というステレオタイプに基づいた瞬時の意思決定により身を隠すように進化したということです）。このようなバイアスは、ほぼ誰しもが持つもので、瞬時のうちに自ら意識しないうちに人間の判断に働き、また人間の意思の力によってかんたんにスイッチをオフにすることができないものなのです。

　また、バイアスが社会的に作られた環境により形成されることもあります。先ほどの、医者やプログラマーと聞いて、男性をイメージする例ですと、これは、これらの職業に男性が多いという環境のために形成されたバイアスで、このようなバイアスが採用等の際に影響を与える可能性があります。そして、このような環境により形成されているため、自らバイアスに気づくことが難しいことがあります。

　このような認知バイアスや無意識バイアスと呼ばれているものが存在しているということを意識しておくと良いでしょう。このようなバイアスの内容や軽減する方法については、認知バイアスに関する書籍などを参照してください。

3 AI開発過程におけるバイアス

次に、AI開発の過程において、どの点にどのようにバイアスが入り込むのか検討していきましょう。

(1) データ生成

まず、データの生成についてみてみましょう。有名なものは測定バイアスと選択バイアスです。

測定バイアスとは、アンケートにおける虚偽回答(たとえば、不倫回数をアンケートした場合、実際よりも少ない数字が得られやすいバイアスがかかるでしょう)のような測定に関して生じるバイアスです。

選択バイアスとは、たとえば、自宅電話によるアンケート(自宅電話を有し電話を取ることができる比較的裕福な高齢者による回答が多くなる可能性があります)を行うような調査対象の選択や収集方法により生じるバイアスです。

たとえば、画像データのデータセットとして著名なImageNet(公式テキスト7-3参照)では、約45%の画像がアメリカで撮影されたもので、残りの大多数はヨーロッパで撮影されたものでした。これは、AIのコミュニティにおいて、アメリカやヨーロッパの人の割合が多いことが理由と考えられ、選択バイアスの一例といえます。

(2) 前処理、アノテーション

また、前処理にもバイアスが入り込む余地が存在します。たとえば、異常値の削除において何を異常値とするかの判定などです。さらにアノテーションでもバイアスが生じます。たとえば、書類選考AIのための過去の採用データが面接官のバイアスにより男性が有利になっているなどです。

このようなアノテーション作業者のバイアスだけではなく、アノテーション設計のバイアスもあり得ます。たとえば、人種のアノテーションで、白人・黒人・その他の3つしかクラスが用意されていなければ、アジア、中東、ポリネシア地方等の人々が「その他」に入れられてしまい、バイアスのある設計となる可能性があります。

たとえば、先ほど紹介したImageNetの人物カテゴリーでは、人種差別的・女性蔑視的なアノテーションがなされているデータが存在していました。

(3) アルゴリズム選択

また、AIのアルゴリズム選択やハイパーパラメータ(ニューラルネットのネットワークの深さなど、人間が設定しなければならないパラメータ)設定の結果、少数が無視されバイアスが発生することがあります。

(4) 分析結果利用

さらに、AIの分析結果の利用の場面でバイアスが生じることもあります。たとえば、AIの与信スコアを前提に人間が最終決定をするような場合です。

このように、AI開発のさまざまな過程でバイアスが入り込む余地があります。

4 公平性の定義に関する議論

COMPAS事案で紹介したように、どのような指標で公平性を測定するかで、公平かの結論が変わる可能性があります。ここでは、その点に加えて公平性の内容をどのように決めるかについて検討します。

(1) 公平性の「定義」

公平性の「定義」という問題が存在します。これは、「定義」という言葉を使っていますが、COMPAS事例で説明したような、「どのような基準・指標で公平性を測定するべきか」という問題です。現在のところ、さまざまな「定義」が主張されています。

たとえば、男性の採用率と女性の採用率を比較するDemographic Parityという考えや、ProPublicaが行ったような偽陽性率・偽陰性率で比較する考え、ProPublicaへの反論側が行ったようなCaliblationという考えなど多数の考えが存在しています。これは一般的な公平性の定義を決めるというより、事案ごとに適切な測定方法を選ぶべきものと考える方が良いでしょう。

また、指標によっては複数を同時に満たすことができない場合も存在します。

(2) 機会の公平と結果の公平

また、公平性を考えるにあたっては、機会の公平性と結果の公平性を分けて考える必要があります。機会の公平性とは、「男性だから」「女性だから」というだけで不利益な扱いを被らないということであり、スタートラインを公平にするということです。対して、結果の公平性とは、AIの出力が男女間で差がない

ということになります。

　銀行の貸付AIで、仮に男女間で平均的に年収に差があるために貸付けの可否や貸付可能金額に男女間で格差が生じている場合で、このAIが年収など性別と関係ない点で判定している場合は機会の公平性は認められますが、AIの出力結果には格差が生じているため結果の公平性は実現できていないことになります。ただ、必ずしもいかなる場合も結果の公平性を確保することが適正とも言い切れず、機会の公平性は原則求められるとしても結果の公平性まで必要かは事案ごとの検討が必要です。

(3) 要保護属性及び判断基準の決定

　また、公平性の内容を決定するにあたって非常に重要な点は、「**どのような属性（年齢や人種など）を公平性の内容として取り上げるか**」という点があります（なお、当然ですが取り上げるべき属性は1つとは限りません）。

　採用AIにおいてどのような属性を保護するべきでしょうか。これも、「採用AI」というような利用場面で決まるものではありません。たとえば、男女というのは通常の場合バイアスが生じてはいけない属性ですが、女性専用カフェの店員の採用では女性のみを採用するという方針を取ることが不公平とまではいえないでしょう。このように個別事案ごとに慎重に判断するしかありません。

　さらに、「**誰の基準で公平性を判定するか**」という点があります。多数の国で利用するAIにおいては、国によっては公平性の判定基準が異なります。また、日本国内であっても年齢や地域によって公平性の内容が異なるでしょう。

　また、公平性を確保する属性を決めた場合、AIにバイアスがないかを検証するために、当該属性に関するデータが必要になります。採用AIにおいて、男女で公平性を確保するのであれば、テスト用データに性別の欄がないと、AIが男女で公平な出力をしているか確認することができなくなってしまいます。ただし、場合によってはプライバシー等の点から、このようなデータ収集の可否に疑問が生じる余地があることに注意が必要です。

(4) バイアスの再生産

　「どのような取り扱いの差異であれば許されるか」の検討にあたって、現状との比較は重要なものになります。つまり、現状よりもバイアスが拡大する場合は、原則として何らかの対応が必要でしょう。ただし、AIによる取り扱いの差

異が現状程度ということだけで、当該AIを公平性の点から問題なしとして良い
かは別の問題です。AIは人間よりも大量に同質の判断を行うことができるため、
今まで以上にバイアスが再生産され、社会に固定化する可能性があるためです。
バイアスの再生産により不利益を受けるのは将来のAI利用者や判定対象者です。
このような点にも留意して個別事案ごとに問題がないか検討する必要があります。

5 対応方法

　次に、バイアスに対応するための技術的手法についてごくかんたんに解説し
ます。なお、注意すべきこととして、これらの手法を用いた場合にAIの精度が
低下することがあります。このため、これらの手法を用いてどの程度バイアス
を軽減するか精度低下を防止するかはトレードオフ関係になることが多く、そ
のバランスを事案ごとに図る必要があります。

(1) 学習前の手法

　学習前段階でのかんたんな方法としては、問題となっている属性をデータセッ
トから除去するというものです。ただし、代理変数の問題が残り、どこまで有
効かは疑問の余地が残ります。

　次にデータセットの再構築という方法も存在します。つまり、データの男女
比率が適切になるように一部データを削除することや、アノテーション内容を
調整することです。

　またGAN（公式テキスト6-2）などを用いて、データを男女などの要保護属性
を読み取れない一方、タスクの実行に有用な要素は残ったデータに変換すると
いう手法も存在します。

　他には、要保護の属性についてラベルを振り直し（たとえば、男女のラベル
をランダムに振り直す）、実データとは異なるデータを作成する方法も存在し
ます。

(2) 学習中の手法

　また、学習時の手法としては、公平性に関する式を追加することで正則化（公
式テキスト4-2）を行うことや公平性に関する制限付きの最適化手法を用いると
いう手法が存在しています。

（3）学習後の手法

学習後の手法としては、たとえば、採用AIにおいてAIの出力する各応募者の
スコアが男性は0.5以上、女性は0.4以上の場合に合格とするというように、異
なる閾値を用いるという手法が存在しています。

演習問題3-4

問題1

AIを用いた顔認識技術については、近年さまざまな倫理的な問題が指摘されて
いる。この点に関して、最も不適切な選択肢を1つ選べ。

A　顔認識技術については、肌の色が濃い人や女性において認識精度が下がるサー
　　ビスが存在すると指摘されている。この原因として、学習に用いたデータセッ
　　トの偏りが指摘されている。

B　顔認識技術の利用にあたっては日本では個人情報保護法を遵守する必要があ
　　るが、それだけではなくプライバシーの観点から同法を超えた対応や措置を
　　実施することが重要な場合がある。このような対応や措置の参考として、経
　　済産業省が公表する「カメラ画像利活用ガイドブック」が存在する。

C　IBM社は2020年6月に、顔認識技術を利用することの倫理的課題などを原因と
　　して、今後警察に汎用顔認識技術の提供を行わないことを表明した。

D　アメリカでは都市によっては条例等により顔認識システムの利用を禁止して
　　いるが、その禁止対象は民間企業による利用ばかりではなく、警察などの公
　　共性の高い公的機関による利用も含めるものが主流である。

解答　　**D**

解説　●●

アメリカの都市では顔認識AIを警察や行政機関が利用することを禁止する条例
を制定している場合があります。そして、多くの条例では、**民間企業による利活
用を禁止していません**。これは、警察や行政機関が顔認識AIを悪用したときの危

険性の大きさやバイアスある判定を行った場合のリスクの大きさなどが原因と思われます。

問題2（オリジナル問題）　

AIと公平性に関する次の記述のうち、最も不適切なものを1つ選べ。

A　刑事被告人の再犯のリスクを予測するAIモデルについて、黒人か白人かのデータを入力しなければ、黒人白人間で出力にバイアスが生じることはない。

B　書類選考AIに男女間で大きなバイアスが発生したため、修正を試みたが、バイアスを修正できない場合、このAIをリリースしないということもあり得る。

C　公平性をどのように測定するかという公平性の定義の問題が存在し、どの測定方法を採用するかは人間が決定する事項である。

D　顔認識AIに肌の色や性別で認識精度に差異が存在する場合、この顔認識AIを用いて被疑者を探し出して、逮捕するということには慎重でなければならない。

解答　**A**

解説 ・・

代理変数の問題が存在するため、バイアスが生じることがあり得ます。

3-5 安全性とセキュリティ

ここではAIが守るべき価値の1つである安全性とセキュリティについて、どのような問題があるかを中心に検討しましょう。

1 概略

(1) 安全性

　AIについて安全性が語られることがあります。安全性とは、さまざまな定義があるところですが、本書では、「AIによって利用者や第三者の生命・身体・財産に危害が及ばないように配慮すること」をいうものとします。典型的には自動運転やロボットのような物の動きを制御するAIが安全性の点からは取り上げられますが、このような制御系以外でも安全性は問題になるところです。

　なお、安全性と精度の違いについて少し説明しておきます。多くの場合、AIの精度が高いと安全性も向上します。たとえば、自動運転車で歩行者検知AIの精度が高いほど歩行者の安全性は高まるでしょう。ただし、歩行者検知AIの誤判定として「人が存在しないのに人が存在すると誤判定した」というものと「人が存在するのに存在しないと誤判定した」という2つがあり得ます。安全性の見地からは前者の誤判定よりも後者の誤判定の方が重大といえます。このため、安全性のために全体の精度を下げても後者の誤判定を確実に防止することもあり得ます。このように精度と安全性は別の概念です。

　また、さまざまな個別分野ごとの安全性基準が存在するので、これらの遵守は別途必要になります。

(2) セキュリティ

　また、セキュリティについては、サイバーセキュリティを本書では対象とすることにします。たとえば、自動運転車が外部からハッキングを受け安全性が損なわれるなど、セキュリティと安全性には関連するところがありますが、本書では安全性に関係しないセキュリティについても取り扱います。

(3) データの匿名性侵害

　次に、セキュリティの一部ともいえますが、データの匿名性侵害というもの

が存在します。これは、攻撃者が手元のデータと突合等することで、匿名化したはずのデータの匿名性が侵害されるような事案を想定しています。

2 安全性

(1) 自動運転車による事故事案

　安全性に関する事案として自動運転車による死亡事故事案が有名です。2016年(Tesla)、2018年(Uber)、2018年(Tesla)などが存在します。いずれの事案も、運転手が自動運転車を信頼して携帯電話を操作していたなど不適切な運転をしている事案でした。

(2) SNSによる自殺事案

　制御系以外の事案としては、SNSが自殺に関するコンテンツをお勧めすることで、自殺をほう助し、少女が自殺したという批判が巻き起こった事案が存在しています。

　また、2021年に報道されたInstagram利用者によるメンタルヘルスへの影響の事案もAIから少し外れますが、同種の問題が存在するもので、社会的に大きな問題になったものです。これは、Instagramの利用により、他人と比較してしまうことで、10代の女性が体形に関するコンプレックスを悪化させたり、10代のユーザーが不安や抗うつ症状を発症させる確率が増加したり、10代の自殺願望を増長させているというものです。Instagramを運営するFacebook社(現在はMeta社)は、この点に関する社内調査結果を公表していませんでしたが、内部告発により報告書の内容が明らかになりました。その意味では透明性に関する問題でもありました。

(3) 対応策

■フォールバック

　問題発生時には、ルールベースでシステムを動かすことや人間の最終判断を経るようにするなど、機能の一部停止や縮小を可能にしておき、その計画を策定しておくことが有効です。また、フォールバックでも不十分な場合に備えて、システムの一時停止も同様に可能としておき、計画を策定しておくことも有効です。

■仮想環境等の利用

　特に機械制御の場合は、コンピュータ上の仮想環境で安全性の確認を行い、現実環境で利用するにしても制限された範囲での実験的環境で安全性の確認を行うことが有効です。

■利用者教育

　また、利用者がAIを過信して必要な安全のための措置を取らないことがあり得るため、利用者に対する教育や、場合によっては利用状況の監視やモニタリングが有効です。ただし、このような監視等は利用者のプライバシーとの関係を検討の上、実施の可否や程度を検討するべきです。

3 セキュリティ

(1) 概要

　AIにおけるセキュリティリスクまたは攻撃手法については、さまざまなものが存在しますが、本書では総務省の情報発信の一環として行われている「AIセキュリティ 情報発信ポータル」に基づいて説明します。

(2) データ汚染攻撃

　データ汚染攻撃とは、人為的に操作されたデータを学習用データに入り込ませることでAIに誤った学習をさせる攻撃手法です。有名な事例がマイクロソフトの開発したチャットボットであるTayです。これは2016年に19歳の女性という設定で公表されたもので、ユーザーとのやり取りから学習するようになっていました。ですが、複数の悪意あるユーザーが不適切なデータを学習させたために、女性差別的発言やヒトラーを礼賛するような問題のある政治的発言を行うようになり機能停止に至った事案です。

　学習用データの品質確認が防止のための重要な手段になります。

(3) モデル汚染攻撃

　モデル汚染攻撃とは、攻撃者が細工をした事前学習済みモデルを配布し、ユーザーがこれを利用することで、攻撃者がクラス分類結果を意図的に操作したり悪意あるコードを実行させたりする攻撃方法です。背景には、学習コスト軽減のため事前学習済みモデルを利用した転移学習（公式テキスト6-1）などが盛ん

に行われていることがあります。

　利用する事前学習済みモデルの信頼性確認が重要になります。

(4) 回避攻撃

　回避攻撃とは、敵対的サンプルと呼ばれる推論用のデータに計算に基づく微小なノイズを加えたデータを入力することで、当該敵対的サンプルのクラス分類結果を操作する攻撃方法です。以下の有名な例では、元は通常のパンダの画像（AIのクラス分類結果は57.7%でパンダ）に計算したノイズを目に見えない程度に薄めて加えることで、一見パンダにしか見えませんが、AIがテナガザル（99.3%の確率でテナガザル）に分類する画像が作られています。

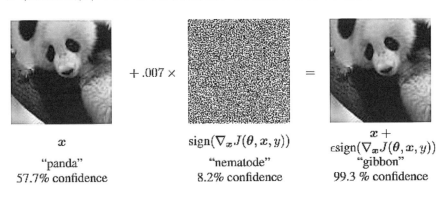

$$x$$
"panda"
57.7% confidence

$$+ .007 \times$$

$$\text{sign}(\nabla_x J(\theta, x, y))$$
"nematode"
8.2% confidence

$$=$$

$$x + \epsilon \text{sign}(\nabla_x J(\theta, x, y))$$
"gibbon"
99.3 % confidence

（Ian J. Goodfellow, Jonathon Shlens, Christian Szegedy「Explaining and Harnessing Adversarial Examples」より引用）

　複数の学習済みモデルを用いて推論を行うアンサンブルや蒸留（公式テキスト7-5）が対応策になることが知られています。また、敵対的サンプルを学習用データに加えて学習する敵対的学習という手法も存在します。

(5) データ窃取攻撃

　データ窃取攻撃とは、AIに複数の推論用データを入力し、AIの出力を観察することで、AIの学習用データを推測する攻撃方法をいいます。さらに、推論するだけではなく、学習用データを再構築する攻撃手法も存在します。

　本節で後に説明する差分プライバシーの利用、ユーザーには確率まで表示しない、AIへのアクセス制限や1ユーザーが実施可能な推論数を制限するなどの対応策が考えられます。

(6) モデル窃取攻撃

　モデル窃取攻撃とは、AIに複数の推論用データを入力し、AIの出力を観察することでAIのパラメータなどを推論する攻撃手法です。

　AIへのアクセス制限や1ユーザーが実施可能な推論数を制限する、ユーザーには確率まで表示しないなどの対応策が考えられます。

(7) その他

　また、AIの学習用データのセキュリティや蓄積した推論用データのセキュリティについても問題は存在しますが、これは従来のセキュリティに関する議論の範囲内であるため、本書では取り扱いません。

4　データの匿名性侵害

(1) 概要

　データの匿名性侵害について取り扱います。学習用データや蓄積した推論用データの保護に関する議論を行います。ここでは、さまざまな対応技術を軸に解説を行います。

(2) k-匿名化

　まず、k-匿名化と呼ばれる手法が存在しています。これは、データセットの中に同じ属性を有するデータがk件以上になるようにデータを変換する技術です。kは正の整数で、大きいほど匿名性を確保できますが、データとしての有用性が失われ、各自が状況に合わせて数字を設定するものです。

　もう少し説明しますと、データセットの匿名性を確保するため、たとえば、氏名は削除し、住所は都道府県より下の部分を削除し、年齢は10代、20代という形に変換することがあります。この場合、住所や年齢が上記の説明でいう属性です。つまり、個人を識別するための属性を指しています。このような変換をしていくと、あるデータと別のデータの2つのデータ（3つでも良いですが）が「東京、40代、男性…」というように属性が同じになり、属性だけ見ただけでは区別がつかないようになります。ここで、たとえば、k＝3の場合、データセット中のどのデータも、同じ属性を持つデータが（当該データも含めて）必ず3件「以上」存在するように変換をするということです。

3

　これにより、氏名やさまざまな属性が掲載された匿名化されていない別のデータベースを持っている攻撃者が、k-匿名化されたデータベースと突合を行おうとしても、k＝3の場合、3つの匿名化データのどれと突合したら良いのか分からない状態にできます。

(3) 差分プライバシー

　次に差分プライバシーという技術について説明します。差分プライバシーとは、AIとの関係でデータへの操作の点から説明すると、データにノイズを加えて（たとえば、あるサイトの閲覧回数について真実は10であるところ、ランダムに11や8などとする訳です）、AI開発者が実際のデータを知ることができないようにすることでプライバシーを保護する技術です。このノイズですが、適切に設計した統計的なノイズであり、データ分析に影響が出ないようにします。

　アメリカでの国勢調査やGoogle、Appleといった企業にも利用されている技術です。

(4) 秘密計算

　秘密計算とは、データを暗号化したまま計算することができる技術のことです。通常は、データを暗号化した場合、復号化して元の状態に戻してからでないとデータ分析が行えませんが、暗号化したままデータ分析が可能となります。

演習問題3-5

問題1（オリジナル問題）　　　

　AIに対しては倫理的な問題が議論されることがある。問題になったMicrosoft社開発の会話ロボットTayの事例として、最もよく当てはまる選択肢を1つ選べ。

A　人間が行った犯罪を助長した。

B　ニュース番組にて人類を滅亡させると宣言した。

C　差別的表現を投稿した。

D　新しいAIを自ら作成した。

解答　**C**

解説 ••

　Tayはデータ汚染攻撃の著名例の1つで、不適切な政治発言や差別的発言を行いました。

問題2　☑ ☑ ☑

以下の文章を読み、空欄に最もよく当てはまる選択肢を1つ選べ。

　AIの精度が向上する一方で、AIを騙す技術も向上してきている。人間では認識できないが、AIが認識を誤るような情報をデータに加えることでAIを騙すことができる。このような学習済みのモデルを騙すように作られたデータのことを（　　　）と呼ぶ。

A　Adversarial Examples

B　Trick Examples

C　Mislead Examples

D　Cheat Examples

解答　**A**

解説 ••

　パンダの画像に人間が認識できない微細なノイズを加えてテナガザルと認識させる手法をAdversarial Examplesといいます。

3-6 悪用

ここではAIの悪用がもたらす問題や対応策について検討しましょう。

1 導入

　本節ではAIの悪用について検討します。なお、本書で**悪用**とは、「不適切な目的を実現するためにAIを利用すること」をいうものとします。このため、そのような意図はなかったが結果として大きな害が社会に生じたような場合は対象外とします。

2 事例紹介

（1）ディープフェイク

■ディープフェイクとは

　ディープフェイク（Deep Fake）という技術が存在します。これは画像や動画を、AIを用いて加工する技術で、特に動画に対して用いられている技術です。たとえば、動画の人物の顔を別の顔に変えてしまうことができ（表情やしゃべっている内容は同じままです）、自分が怒った表情で誰かを非難している動画を有名人の顔に変換してしまえば、あたかも有名人が怒った顔で非難しているかの動画が作成できてしまいます。書籍に動画を掲載することができませんので、各人において「deepfake」で画像検索や動画検索してください。かんたんに多数のコンテンツを見つけることができます。

　また、ディープフェイクの利用にあたっては、特別な技術は不要であり、誰でもかんたんなアプリと元動画とある程度の量の顔画像（有名人の顔画像など）があれば利用可能で、誰でもフェイク動画や画像が作れてしまいます。

　なお、ディープフェイク自体は、映画で既に亡くなった役者を登場させることや、ロシアにおけるLGBTQ迫害に関するドキュメンタリー映画でLGBTQの人物の匿名性確保などの利用例も存在し、正当で有益な利用方法が存在するものです。

■ポルノへの悪用

　このようなディープフェイクは、比較的初期からポルノ動画を有名人の顔に変換するという方法で悪用されていました。そしてこれらがインターネット上で多数公開されることになりました。さらに、リベンジポルノや脅迫の材料に使われる危険も指摘されていました。

■政治的な悪用

　さらに、ディープフェイクは政治的な悪用の危険も指摘されています。政治家の虚偽動画を作成して支持を失わせるなどです。このような悪用については、民主主義といった個人の利益を超えた社会的国家的価値への侵害も発生するものです。

■法的責任について

　なお、このようなディープフェイクの悪用については法的責任が発生します。

　たとえば、芸能人の顔を用いたポルノ動画をネット上で配信したことに対して、名誉棄損罪と著作権法違反を認めた裁判例も存在します。ディープフェイクの精巧さから、たとえ「激似」と銘打って本人ではないかのような表示をしていたとしても視聴者が誤信するため、芸能人に対する名誉棄損罪が成立する、と判断しています。また、著作権法違反については、元動画の顔を改変している点から元動画の著作権法違反が認められるものです。

　筆者の知る限り裁判例は存在しませんが、（芸能人等の）顔画像の当事者に対する名誉棄損・肖像権侵害及び元動画の著作権侵害を理由とする民事上の損害賠償請求も成立する可能性が高いと思われます。

（2）文章生成AI

　GPT-2やGPT-3のような**大規模自然言語モデル**（公式テキスト6-4）も悪用に対する危険が指摘されています。これらのモデルが高い文書生成能力を有し、人間が書いたかのような文書を生成可能であるため、フェイクニュースの作成やオンラインでのなりすましの危険が懸念されています。

　たとえば、2020年にはGPT-3で作成した文章をブログに記事として投稿したところ、ニュースランキングで1位を獲得した例が存在します。この例は、GPT-3の能力を証明するためのものであったため悪用とまで言い難いですが、使い方次第では悪用が可能であることが伺える事例といえます。

(3) オレオレ詐欺

　イギリスでは音声生成AIを用いた企業に対するオレオレ詐欺が発生しています。上司からの振込指示の電話が実は音声生成AIにより生成された音声であったという事例です。

(4) その他

　以上の例は生成モデルの悪用事例でしたが、生成モデル以外の悪用も存在しています。たとえば、SNSのレコメンド機能を悪用して選挙に介入することやAIを用いたサイバー攻撃の危険が指摘されています。他にも、顔画像に関するAIを用いて秘匿性の高い事項を推論することも悪用といえるでしょう。

3 | 対応策

(1) AIによる対抗

　このようなAIの悪用に対しては、AIで対抗することが検討されています。

　たとえば、ディープフェイクによる動画に対しては、AIを用いてフェイク動画かを見分けようとする動きが存在します。ある程度の成功は収めているものの、今度は、ディープフェイクを見分ける検出AIを超えるディープフェイクを作成可能なAIが登場するなど未だ大きな解決に至ってはいないのが現状です。

　また、AIを用いたサイバー攻撃についても、AIを用いた防御が提案されています。

　このようにAIの悪用に対してAIで対抗するというのは、よく見られる対応手段です。

(2) 契約による禁止

　また、AIを公開して配布する企業等にとっては、当該AIが悪用されることはレピュテーションにかかわることで、場合によっては悪用のほう助として法的責任を追及される可能性も否定できません。このため、悪用を防止するため、AIの利用規約等の契約において、本来の用途以外での利用を禁止するなど、悪用を禁止することが考えられます。

（3）技術公開の制限

　さらに、AIを配布する企業がAIの公開を制限するという対応策も考えられます。たとえば、GPT-2の際は、GPT-2を開発した団体は、悪用の危険を理由に論文公開を延期し、モデルの公開もパラメータ数が小さなモデルから徐々に公開していくという手法を採用しました。これは、文書生成能力が相対的に低い小さなモデルを公開することで、実際にどの程度悪用されているか、また今後されそうかを判断しながらモデルの公開を行っていくというものであると思われます。

　また、GPT-3の際には、Web APIとして公開し、当初は研究目的でのみの利用を認め、利用には申請が必要としました。

　このように当初は少数や一部の利用のみを認め、社会に対する影響を判断しながら公開を広げていくという手法や技術やパラメータを非公開とする手法が場合によっては有効であるため、技術公開によるメリットと悪用の危険を比較しながら、実施することが考えられます。

（4）フェイクである旨の表示

　また、コンテンツ生成AIを提供する企業等において、コンテンツ生成時にフェイクである旨を自動で表示する機能を設けることも有効な対応策です。

　EUのAI規制法案もこの方向のもので、真実・実物と見分けがつかないコンテンツの生成を行う人は、コンテンツが人工的に生成されたものであることを開示する必要があります。

演習問題3-6

問題1　

ディープフェイクに関する説明として、最も不適切な選択肢を1つ選べ。

A　ディープフェイクは主に敵対的生成ネットワーク（GAN）を用いて生成され、近年その精巧さが高まっていることから問題視されている。

B　ディープフェイクは偏りのあるデータで学習を行ったことが原因となって生じるため、開発者は学習に用いるデータが目的に即した質の高いものかを精査することが要求される。

C ディープフェイクはポルノの生成や詐欺に利用されるだけでなく、選挙など
で特定の候補者に関する虚偽の風説の流布などにも利用され得ることから、
民主主義上の脅威になると考えられている。

D ディープフェイクに対してはFacebook社などの企業が検出ツールの開発を支
援している他、中国をはじめとした各国で法整備が進められている。

解答 B

解説 ••

　ディープフェイクでは、利用目的が不適切であることが問題になっており、デー
タの偏りは問題ではありません。

問題2（オリジナル問題）

　ディープフェイクなどのコンテンツ生成AIに関するAI倫理上の問題について、
最も不適切な選択肢を1つ選べ。

A ディープフェイクは、選挙候補者に関するフェイク画像を生成するなどの利
用により民主主義に対して悪影響を与えることが懸念されている。

B 高度なコンテンツが生成可能で悪用の懸念がある場合、当該AIの利用には審
査を必要とすることが考えられる。

C ディープフェイクで生成されたコンテンツを発見するAIが開発されており、
ディープフェイクによるコンテンツを確実に見つけ出すことができる。

D AIで生成したコンテンツに対して、その旨の表示を法律等で求めることが考
えられる。

解答 C

解説 ••

　ディープフェイクを発見するAIは開発が進んでいますが、確実に発見できるレ
ベルにまで達していません。

3-7 透明性

ここではAIが守るべき価値として透明性を取り扱います。また、透明性と一定の関係のある説明可能性やアカウンタビリティについても解説を行います。

1 導入

透明性は、AIが守るべき価値としてさまざまなガイドラインで挙げられるところです（3-2参照）。他方で、透明性とよく似た概念として、説明可能性やアカウンタビリティ（説明責任）という概念も用いられます。ここでは、今後の議論の整理のため、これら3つの概念の本書における意味付けを行います。

(1) 透明性とは

AIに関する透明性とは、定義が明確ではないところがあり、さまざまな定義が存在するところですが、本書においては、「**AIに関係する技術・非技術的なさまざまな事項に関する情報開示の度合い**」という意味とします。これは、判断根拠の説明（説明可能性）やアカウンタビリティの点からの説明を含むものとします。また、AIポリシーの公開やAI倫理に関する社内教育の公開など、特定個別のAIに関する情報ではないものも対象とします。

(2) 説明可能性とは

次に説明可能性ですが、本書においては、「**AIが判断根拠を人間が理解できるように示すことができる能力を指すもの**」とします。つまり、ブラックボックス問題という、ディープラーニングのような複雑なモデルが判断根拠を示すことができないという問題に対する措置が、説明可能性ということになります。

(3) アカウンタビリティとは

最後にアカウンタビリティですが、透明性の定義を本書では広く取った関係から、説明責任にウェイトを置くのではなく、「**AIの判断に対する責任を負うこと**」という意味での答責性にウェイトを置いて理解します。つまり、アカウンタビリティでは、このような責任を負うこと及びこのような責任を負うことから派生する一定の説明を行う責任やその前提としてのログなどの資料類の作成・保管を意味するものとします。本書では、情報の開示部分は透明性で、ログ取得

やトレーサビリティの確保はAIガバナンス（3-12参照）の中で別途説明するため、本節ではアカウンタビリティを取り上げません。

2 事例紹介

透明性等に関する事例をいくつか紹介します。

(1) Appleカード

Appleは、Appleカードというクレジットカードの発行を、発行元をゴールドマン・サックスとして2019年に開始しました。ところが、SNSで年収等がほぼ同じでも女性の方が、利用限度額が少ないと話題になり、議論が起こりました。これに対して、金融当局が法令等の違反がないかの調査に乗り出しましたが、Appleは当局にアルゴリズムの正当性を証明できず、またどう機能しているかも証明できなかった様子であったとの報道がありました。ただし、最終的には、法令違反となる差別は存在しないと当局は判断しています。

また、Appleカードは、与信限度額が顧客の想定よりも低い場合には審査を見直すこととしました。

公平性の問題であると同時に、当局からの調査に対応するための説明可能性という問題を有する事案です。

(2) 人事評価AI

日本IBMによるAIを利用した人事評価・賃金決定について、AIの関与の詳細を開示しないことが不当労働行為に該当するとして、労働組合が2020年に労働委員会に救済申し立てを行った事案が存在します。

なお、AIの情報でそのまま賃金を決定する訳ではなく所属長が最終的にAIの出力をもとに決定を行います。このAIの導入が決定したことから、労働組合が「利用するAIの学習データの内容」「社員の賃金決定の判断をする所属長に対してAIが提示する内容」の開示を求めましたが、開示がなされなかったため、救済申し立てに至ったというものです。

3 説明可能性

　説明可能性を解説します。説明可能性を付与するにあたっては、説明の要否や説明の内容を、検討する必要があります。まず、説明の対象者は誰か（クレジットの利用限度額の場合ですと利用者や他に説明を必要とする人がいないか）を検討する必要があります。また、そもそも説明が必要なのかという要否や、説明の内容を検討する必要があります。

(1) 説明の対象者

　説明が必要な**説明対象者を特定**する必要があります。もちろん、1名だけということではなく複数名や複数の集団であることもあります。典型的にはユーザーであったり、AIによる分析対象者であったりします。他にも、AIを監査等により調査する担当者、さらには現在AIを開発している開発者も説明対象者に含まれる場合があります。単に対象者を特定するのではなく、**なぜ説明すべきなのかの理由の特定**とともに、説明対象者の特定を行うことになります。この際に、説明対象者の技術的説明に対する理解の程度（たとえば、統計的な専門知識が必要な指標を説明として用いることができるか）や説明を受けることのできる時間の程度などを考えておくことが重要になります。

(2) 説明の要否

　また、そもそも**説明が必要なのかも検討**の必要があります。自動運転車の運転手に、車の操作、たとえば、直進、スピードアップ、一時停止、右折する根拠を毎回説明するのは、運転手が説明を受けている時間がないことや利便性などを考えると不要であるとの考えもあり得るでしょう（ただし、事故時に事故原因を検証できるように、技術者に対する説明可能性は別に考える必要があります）。

　説明付与のコストという視点も重要になります。つまり、(4)で説明するような説明可能性付与技術は、計算コストの増大や精度の低下を招くことがあります。また、説明可能性付与技術を採用すること自体のコストも存在します。このようなコストと説明付与のメリットを比較し、説明の要否を検討する必要があります。

　さらに、**人間の場合との比較**という点も重要な考慮要素になります。たとえ

ば、採用時の書類選考を人間が行い、不合格とする場合、応募者に対しては「諸般の事情を考慮して」と述べるだけで実質的な理由が説明されないことが多いですが、AIの場合も同じように考えるべきなのでしょうか。

「AIも人間程度の説明があれば足りる」という考えもあり得ますし、「AIは人間と異なり同時に大量の意思決定が可能であり影響が大きいためAIは人間よりも説明を行うべきである」という考えも、どちらもあり得そうです。

また、セキュリティの観点や秘密情報の保護の観点から、説明を行わないことや行うとしても、その範囲を限定することがあり得ます。

(3) 説明の内容

以上のような説明を必要とする理由や説明対象者の特性などを踏まえて、どのような説明が具体的に必要か特定する必要があります。すなわち、説明の内容を特定する必要があります。

このような必要な説明の内容を十分検討することなく説明可能性付与技術を用いても、説明対象者にとって不要な的外れな説明となってしまい、説明のためのコストだけが生じることになってしまいますので、しっかりと説明内容の特定を行う必要があります。

(4) 説明可能性付与技術の例

以下に説明可能性を付与するための技術をいくつか紹介します。紹介する以外にも、判断に最も重要であった学習用データを例示する手法など多数の技術が存在しますので、説明可能性に関する書籍などでご確認ください。

また、これらの技術を利用するにしても、説明が本当に信頼できるのかという点の確認や、手元のデータで説明が適切かを検証する必要があることに注意が必要です。

■単純なモデルの利用または近似

説明可能性を付与するために線形モデル（線形回帰やロジスティック回帰など。公式テキスト4-1参照）や決定木（公式テキスト4-1）を利用することや、ディープラーニングのような複雑なモデルをこれらの単純なモデルで近似する手法が存在しています。

線形モデルの場合、係数の絶対値が大きい特徴が重要な影響を持つことが分かりますし、決定木の場合は木の構造を分析することで結論に至った理由を知

ることができます。

　ただし、決定木の場合も木の構造が複雑であれば説明が複雑になってしまい分かりやすいものではなくなりますし、また、単純なモデルを用いるという制約のため精度が低下する恐れもあります。

■Grad-CAM

　画像解析系のタスクに対しては、Grad-CAMという技術により、入力画像のどの部分に着目して分類を行ったのかの判断根拠を示すことができます（公式テキスト6-6）。

(a) Original Image　　　(c) Grad-CAM 'Cat'　　　(i) Grad-CAM 'Dog'

（Ramprasaath R. Selvaraju, Michael Cogswell, Abhishek Das, Ramakrishna Vedantam, Devi Parikh, Dhruv Batra「Grad-CAM: Visual Explanations from Deep Networks via Gradient-based Localization」より引用）

■SHAP

　構造化データについては、SHAPという手法が存在します。この手法により、入力データの各特徴が出力にどの程度影響を与えたのかプラス・マイナスの数字で示すことができます（公式テキスト4-2）。

■Attention

　自然言語処理については、Attentionという手法により出力に対して、入力のどの単語がどの程度の重みを持ったのか可視化する手法が存在します（公式テキスト6-4）

■Permutation Importance

　Grad-CAM、SHAP、Attentionは、個別の入力データに対する出力の根拠

説明でしたが、個別の入力ではなくモデル全体として、**どの特徴を重視しているのかを示す手法として**Permutation Importanceが存在します。これは、検証用データセットにおけるある入力特徴のデータをランダムに並び替えてしまい、これに対して予測を行うことで、ランダムな並び替えを行う前と比較して、どの程度の予測誤差が変化したかを見ることで、当該入力特徴の重要性を判断する手法です。

4 透明性

では、透明性について見ていきましょう。

透明性の確保においては、「**どのような情報を、どのような方法で**（個別に口頭でも説明するのかHPに載せるのか等）、**どのタイミングで、どの範囲のステークホルダーに開示するのか**」を適切に定めることが重要です。また、これらの決定にあたっては、「**なぜ開示対象者はその情報が必要なのか**」を検討して特定しておくことが重要になります。

また、**セキュリティや機密情報の保護の点から、一部透明性を制限せざるを得ないこともあります**。このため、両者のバランスを取るように慎重に検討する必要があります。

以下では、しばしば開示対象としてよく検討される情報について、いくつかの例を挙げていきます。なお、ここに挙げた以外にも開示すべき事項は存在し得ますので、ケースに応じて公開すべき事項を慎重に検討する必要があります。

(1) AIに関するポリシーや指針

AIに関するポリシーや指針（3-12参照）をHPなどで開示することがあります。

(2) データの来歴や内容

データの来歴を何らかの形で開示することがあります。データの来歴とは、「学習に用いられるデータが、どのように、誰によって生成され、どのような流通経路を経て入手され、誰がどのように前処理等を行ったのか」という点に関する情報を指します。

また、「どのようなデータを学習に用いたのか」という点も重要です。すなわち、データの特徴量や、データの件数、正解ラベルの割合などを開示するということです。また、

バイアスが問題になる場合では、データにおける要保護属性の割合や正解ラベルごとの割合なども重要になってきます。

（3）アルゴリズムや学習手法

　学習に用いたアルゴリズムや学習手法を公開することも、場合によっては有効です。

（4）モデルの評価結果

　学習済みモデルの精度等の評価結果を公開することがあります。特に単なる精度だけではなく、正解しやすい得意なケースや、正解しにくい不得意なケースを公開することが重要な場合もあります。また、公平性が問題になる場合には、要保護属性ごとの精度の違いや公平性測定指標（3-4参照）の違いを公開することが重要な場合もあります。

（5）AI利用の事実と想定利用方法

　分析対象者に対して業務にAIを用いていることを開示したり、ユーザーに対して想定利用方法を開示することも重要です。

（6）AIのもたらすマイナスの効果

　利用しているAIがもたらし得るマイナスの影響を開示することも重要な意義があります。そのためには、適切に、当該AIにどのようなマイナスの影響があるのか調べる、倫理アセスメントを行う必要があります（3-12参照）。

（7）実施施策

　また、AI倫理の点から実施しているさまざまな施策や、AIが守るべき価値や原則間で対立が生じた場合（3-2参照）にどのような考えで調和を行ったのかといったAI倫理上の実施事項について開示することも重要です。

（8）相談等窓口

　さらに、分析対象者やユーザー等に対してAIに対する相談窓口を設け、その連絡先を公開しておくことも透明性の点からは重要です。

演習問題3-7

問題1

　ディープラーニングの特徴として、モデルが行う推論の理由・根拠が説明困難な場合がある。これを理由にディープラーニングの活用が敬遠される場合もあるが、改善に向けた研究開発は行われている。このうち2016年に発表された説明可能AI（XAI）への投資プログラムが発表された。この投資プログラムでの試みとして、最も適切な選択肢を1つ選べ。

A　推論の根拠の可視化や文章化による説明をすること。
B　推論の根拠を説明できないことと引き換えに、より高速な推論をすること。
C　推論の根拠を説明できないことと引き換えに、より高精度な推論をすること。
D　推論の根拠を説明できないことと引き換えに、より少ないデータ量で学習させること。

解答　**A**

解説 ‥‥

　説明可能性とは、ドキュメントにより定義に若干のブレは存在しますが、AIが判断根拠を説明することに関する概念です。BからDは説明可能性の付与とは正反対です。

問題2

以下の文章を読み、空欄に最もよく当てはまる選択肢を1つ選べ。

　AIの利活用においては、説明可能なAI（Explainable Artificial Intelligence：XAI）が世界的に重要とされている。
　AIの説明の代表的な手法の1つとして、どの（　　　　）が予測認識に重要だったかを説明する手法がある。

A　フレームワーク　　　B　学習データ　　　C　マシン　　　D　言語

解答　**B**

解説 ••

　判断に最も重要であった学習用データを例示するInfluence functionという手法が存在しています。また、この点を知らなくても、説明可能性の意味を理解していれば、Bしか解答になり得ないことが分かります。

問題3　　　　　　　　　　　　　　　　　　　　　　　✓ ✓ ✓

AIにおける透明性に関して、最も不適切な選択肢を1つ選べ。

A　透明性の観点からはスコアリングシステムの利用者に対して、スコアリングを行っているのが AI であることを開示することが望ましい。

B　AIの能力や限界について AI 利用者に知らせることは、透明性の観点から重要である。

C　AIにおける透明性は、社会全体に対する重要な価値であるため、原則として営業秘密の保護や知的財産の保護といった当該企業のみに関する価値よりも優先させる必要がある。

D　透明性の内容として、AI に対する検証や監査の可能性を確保することを含め、AI の入出力のログを取得することを求めるとの考えがあり得る。

解答　**C**

解説 ••

　透明性と秘密の保護はどちらが優先するという関係になく、個別のAIに則して即して、双方の必要性を調整していくべきものです。

問題4　　　　　　　　　　　　　　　　　　　　　　　✓ ✓ ✓

　ディープラーニングの特徴として、モデルが行う推論の理由・根拠が説明困難な場合がある。これを理由にディープラーニングの活用が敬遠される場合もあるが、改善に向けた研究開発は行われている。このうち2016年に説明可能なAI（Explainable Artificial Intelligence：XAI）への投資プログラムを発表した団体名について、最も適切な選択肢を1つ選べ。

A　アメリカ中央情報局（CIA）

B　経済産業省

C　総務省

D　アメリカ国防高等研究計画局（DARPA）

解答　**D**

解説 ••

　XAIの取り組みとしてDARPAの取り組みが有名です。これは、DARPAが主体となっていることから明らかなように軍人によるAI利用を想定しています。なお、本文中でこの点を解説していませんが、これは、誰（どの機関）が何をやったという細かい、膨大な知識よりも、問題が何かを理解していただくことの方が重要との考えからです。

問題5　☑☑☑

以下の文章を読み、空欄に最もよく当てはまる選択肢を1つ選べ。

　ディープラーニングを使用すると高い精度での予測や認識が可能となる。

　その一方で、予測の判断根拠の説明などは困難になる。これはAIの（　　　）と呼ばれ、問題視されている。

A　ドロップアウト

B　シンギュラリティ

C　チューリングテスト

D　ブラックボックス化

解答　**D**

解説 ••

　AIの判断根拠の説明が難しいことをAIの**ブラックボックス化**といいます。

3-8 民主主義

AIが民主主義における政治過程に対する悪影響を与えることが指摘されており、このような点から民主主義はAIが守るべき価値として挙げられています。この点について見ていきましょう。

1 問題の所在

　AIがどのような形で民主主義に悪影響を与えるのか見てみましょう。

(1) レコメンド

　SNS等におけるニュースレコメンドや友達レコメンドが一例として挙げられます。AIを用いてパーソナライズされたこれらのレコメンドは、ユーザーの志向にマッチしたニュースや人物がレコメンドされることが多く、到底人間が調べきることができない無数のニュースや人間の中から、ユーザーが興味を持ちそうなものをレコメンドするものです。

　たとえば、右翼的な志向の人には、右翼的な内容のニュースや人物がレコメンドされ、当該ユーザーの周りには、自分の見たい右翼的な情報であふれかえることになります。このような自分が見たい情報にのみ囲まれることをフィルターバブルといいます。このため、当該ユーザーは、自分の考えに合った右翼的な考えが世間の標準であると誤解するようになります。

　さらに、このようなSNSで友達に意見を求めても、自分の右翼的な考えに迎合的な意見のみが返ってきます。このような自分と同じような考えばかりが周りから返ってくる状況をエコーチェンバー現象といいます。

　反対の見解に触れることもないこのような状況では、右翼的な傾向がさらに強化され、ユーザーはより右翼的な考えの持ち主となり、さらにそれに応じたレコメンドがなされ、ユーザーはどんどん極端な考えの持ち主となってしまいます。

　このようにして社会の分断が進みます。民主主義が機能するには、さまざまな考えの人々が議論し妥協しあう必要がありますが、分断した社会では、このような議論や妥協ができなくなります。レコメンドの結果、人々は同じニュー

スを見ておらず、さまざまな問題について同じ事実認識を有している訳ではありません。

(2) フェイクニュース

ディープフェイク（3-6参照）などを用いたフェイクニュースも、民主主義の点からの大きな問題です。民主主義が成立するためには、事実に基づいて人々が議論を行う必要がありますが、フェイクニュースが広がった場合、そもそも事実に基づくことができません。

フェイクニュースほど、SNSなどで拡散しやすいという点も問題を大きくしています。フェイクニュースやかなり誇張をしたニュースほど、人々の目を引きやすく、ニュースへのリンクがクリックされやすいため、フェイクニュースほどSNS等でレコメンドされやすい場合があるという問題が存在しています。

また、先ほどのフィルターバブルやエコーチェンバー効果のため、ユーザーはフェイクニュースや事実無根の陰謀論に囲まれてしまうことになり、フェイクニュースがフェイクであると気づくことができなくなります。

(3) 選挙介入

選挙介入の危険も指摘されています。外国等が、AIを用いて特定の候補を支援するようなメッセージを、効率的にSNS等を通じて配信することやフェイクニュースの流布などです。

また、ニュース等のレコメンドにより投票に向かう・向かわないかを操作することも危険として指摘されています。

2 対策

以上のような問題に対する対応策について、問題の類型ごとに考えます。

(1) フィルターバブル、エコーチェンバー現象

フィルターバブルやエコーチェンバー現象に対しては、志向に応じたコンテンツ等の推薦だけではなく、多様な見解を推薦するようにAIまたはシステムを設計することが有効です。ただし、「多様な見解」というものをどのように具体化するか、ユーザーの利便性や満足度との調和という具体的な問題は今後の検討課題となっています。

(2) フェイクニュース

フェイクニュースに対しては、ニュースが真実かをチェックするファクトチェックが有効です。ただし、ファクトチェックを人力に頼らざるを得ないことが多く、すべてのニュースに網羅的にファクトチェックを行うということは難しそうです。

(3) 選挙介入

選挙介入については、法律や利用規約などで制限することやユーザーへの教育が重要になってきます。

3-9 環境保護

気候変動をはじめとする地球環境の変動が多くの人々の生活に影響を与えています。AIも地球環境の保護が求められているのです。

1 導入

　気候変動、生物多様性の喪失、海洋汚染、水不足をはじめとする地球環境の変化が多くの人々の生活を脅かす重大な問題となっています。特にアメリカやヨーロッパでは、日本以上に重大な問題と扱われています。

　地球環境の変化の何が問題なのかというと、まず、温暖化等により多くの人の生活に大きな影響を与え、時には多くの命を奪う結果をもたらします。特に、気候変動の影響を受けやすいのが赤道付近や砂漠地帯付近などの発展途上国の人々であるのに対して、原因を作り出しているのが都市に住む先進国の人々であるという不公平さが存在します。

　また、気候変動による影響が近年より激しくなっており、今まで影響を受けにくかった先進国の人々にまで影響を及ぼしており、環境変動への対策が急務であるという認識が世界的に共有されてきています。

　このような状況で、AIの守るべき価値として地球環境が、さまざまなガイドライン等で挙げられているのは当然のことといえます。

　では、AIと地球環境としてどのような論点があるのでしょうか。これは概ね2つの論点が存在するといえます。1つ目は、AIの学習や推論により生じる電力消費の問題です。2つ目は、AIを環境保護のために利用するという、いわばより積極的な問題です。

2 AIがもたらす環境破壊

　まず、AIが消費する電力、ついては発電のための二酸化炭素排出ですが、学習過程を含めると相当なものであることが判明しています。たとえば、自然言語モデルとして有名なTransformerの学習には、平均的な自動車の耐用年数間の使用と廃棄により発生する量の5倍のCO_2が発生するとの研究も存在します。

　また、AIでは推論過程でも複雑な計算を行う必要があり、1件あたりの消費電力は少なくとも、多数の推論を行うことで大量の電力が必要になることもあります。さらに、AIには追加学習が必要であり、追加学習のたびに、全データを用いて学習を行う必要のある**一括学習**か、新たに取得したデータだけで追加学習を行う**逐次学習**かなどの点が、消費電力に影響を与えないか検討しておくと良いでしょう。

　以上のような点を踏まえ、僅かに精度は良いが非常に巨大で学習や推論に大量の電力が必要になるアルゴリズムよりも、構造シンプルであるなど計算コストの増大に配慮したアルゴリズムを用いることで環境負担を大きく軽減することが望ましい場合があり、このような環境負担の相対的に少ないモデルを用いることができないか、金銭的な負担や速度の点だけではなくて、地球環境への負荷という点からも検討する必要があります。

　また、プロジェクト化の段階にあっても、地球環境の点からのメリットやデメリットはないかということを考える必要があります。さらに、追加学習の頻度や、一括学習を用いるのか逐次学習を用いるのか等も検討の必要があります。

3 AIによる環境保護

　上記のようなAIの消費電力を少なくするという方向だけではなく、積極的に、地球環境の変動に対してAIを利用することで対応していくという動きも存在します。

　たとえば、農業にAIを用いて農作物の生産を増やすことで食糧不足に対応すること、AIを用いてエネルギーの利用を最適化することでエネルギー消費を減少させること、運送の分野でAIを用いて最適な運送経路を見つけることで不要な排気ガスの発生を防ぐこと、などが例として挙げられます。

　もちろん、AIの開発や推論の電力消費によるデメリット方が、得られるメリットよりも大きければ話は別になりますので、この点をしっかりと確認する必要があります。

3-10 仕事

AIにより我々の仕事が影響を受けつつあります。ここでは、AIが仕事に与える影響がどのようにあるべきかを考えていきます。

3

1 導入

　本書3-2でも見た通り、AI原則やガイドラインで雇用の保護や労働者保護といったこと自体を価値に挙げることは稀です。しかし、AI原則等でも、本文中で、このような点への保護に言及していることが多く、仕事が人々の生活上極めて重要な位置にあることを考えると、当然のことといえます。近時ではAIと仕事の未来を取り扱うレポート等が増えており、本書でも、「仕事自体が守るべき価値」ということは難しいかもしれませんが、AIの利活用に際して配慮すべき重要事項であるため取り上げます。

　以下では、AIと仕事という観点から課題が提起されている事項ごとに解説を行います。

2 仕事の喪失

(1) 仕事の喪失とタスクの代替

　AIにより半分以上の仕事が10年間で消滅する等の予測を、我々はさまざまなところで耳にします。これらの予測が正しいのかは将来にならないと分かりませんが、AIにより一定数の仕事がなくなる可能性は高そうです。また、AIにより消滅する仕事の多くが賃金の低い比較的単純な作業とされており、若年者や女性が就業していることが多いとの指摘も存在しています。すなわち、AIにより仕事の消失の影響を受ける対象者に不公平があるという訳です。

　他方で、AIにより、新たな仕事が創出されつつあります。AIにより喪失する仕事よりも多くの仕事が創出されるとの予測も存在します。そうすると、仕事を喪失した者が、このような新しい仕事に就くことで問題は解決できるとの考えがあり得ます。ただし、求められるスキルが異なるため、労働者に対する教育が必要になります。また、すぐに新しい仕事に転職できる訳ではないので、

その間の生活補償も必要になります。すなわち、社会としてこれらの対応をしっかり行う必要があります。

(2) AIとの協働

　現在のAIは一定のタスクを行うもののため、主にAIに取って代わられるのは、仕事よりもタスクであるということになります。

　ある仕事（医者、弁護士、システム開発者、営業担当者等）はさまざまなタスク（顧客と会う、会議を行う等）からなっています。また、会議を行うというタスクをとっても、会議のアジェンダを設定するタスク、会議を調整するタスク、会議用資料を作成するタスク、会議で意見を出すタスク、議事録を作成するタスクとさらに細かいタスクからなっています。

　こう考えると、AIの方が強みを持っているAIに任せるべきタスクはAIに任せ、人間が行うべきタスクは人間が行うという、AIとの協働が重要になります。すなわち、AIに任せるべきことは任せ、人間にしかできないタスクや人手不足で今までは十分にできなかったタスクを行うことで、企業の価値を高めていくことです。そのためには、何がAIに任せるべきタスクか、何が人間の行うべきタスクか、AIにタスクをゆだねた後人間は何をするのかということをAIごとに分析する必要があります。

(3) 労働者との協力

　このようなことからAIを仕事に導入するにあたっては、影響を受ける労働者への説明と協議が重要になってきます。そして、適切に労働者の声を反映してAI開発・導入を進めていくことが望ましいでしょう。

3　能力の喪失

　AIの仕事への導入で他にも問題とされていることが、人間の能力や技術の喪失です。AIにタスクを任せることで、人間が当該タスクを行う能力を失ってしまうということです。こうなると、もし、何らかの事情でAIが止まってしまった場合、人間が代わりに行うということができなくなります。または、より優れた方法の探求などもできなくなるかもしれません。または、一定のタスクをAIに任せ、学習用データのアノテーションのみを人間の役割とした場合に、人

間の能力はアノテーション能力だけということになってしまうかもしれません。

　仕事にAIを導入する場合には、このような能力の喪失の可能性の大小や可能性が高い場合には問題が生じないかといった点の検討が必要です。

4　バイアスとプライバシー

(1) バイアスの持ち込み

　採用AIにバイアスが存在し得ることは、本書の3-4で説明しました。もし仮に、バイアスのある採用AIが利用された場合、利用企業の方から見てみると、バイアスのかかった従業員構成となってしまうという問題があります。つまり、AIのバイアスが仕事に入り込んでくるという問題が生じる訳です。

　応募者の観点だけではなく、企業の側の観点からもバイアスを排除すべきといえるでしょう。

(2) プライバシー

　労働者に関するデータを取得するようなAIについては、プライバシーとの関係が重要です。まず、雇用主たる企業と労働者の間には大きな力の格差があり、労働者に関するさまざまなデータの収集を労働者が拒否しにくいところがあります。また、業務上必要であれば、労働者の同意なく収集できてしまう場合もあります。さらに、人間は多くの時間を仕事に使っています。このため、仕事におけるさまざまなデータを企業が強引に収集すれば労働者のプライバシーは大きく損なわれてしまいます。

　労働者のプライバシーについては、上記のような特殊性があることを念頭に置いておくことが望ましいでしょう。

3-11 その他の価値

今までの各節で扱えなかった他のさまざまな価値や問題点についてかんたんに
触れていきます。

1 幸福

　さまざまなAI倫理に関するガイドライン類では、幸福（well-being）がAI倫理
上の価値として挙げられていることがあります。これは、AIが人類や人間の幸
福を目的とするべきということです。ただ、幸福といっても内容は抽象的であり、
今までの各節で検討したプライバシーや公平性等も、理論的には人間の幸福に
含まれるもので、すべての価値が人間の幸福に根付いているともいえる側面が
あります。このため、本書では幸福を独立の価値としては取り上げていませんが、
本書で取り上げた価値以外にも、「人間の幸福の点から開発中のAIに問題はな
いか」という観点を持って検討することは重要です。

2 人間の自律性

　次に、人間の自律性（autonomy）について述べます。ここで問題にされてい
るのは、オンラインショッピングでのレコメンドのようなものです。つまり、我々
は、膨大な商品群から欲しい商品を選ぶことが難しく、事実上AIのレコメンド
結果の物を買うことになり、AIの決定に従っているだけの存在となってしまい、
自律性を失っているというものです。

　もちろん、問題はオンラインショッピングにおける商品のレコメンドに限っ
た話ではなく、さまざまな行動を後押しするAIには、多かれ少なかれ、このよ
うな自律性の問題が生じます。特に、年少者や高齢者、または精神的な障害を
抱える者といった「押し」に弱い人を狙って、販売したい特定の商品を推薦する
ような場合は、人間の自律性に対する侵害として問題になりやすいでしょう。

　利用者の側にレコメンドの方向性を指定できることや、複数のレコメンド結
果を提示して選べるようにするなどのレコメンド結果の見せ方といったインター
フェースを工夫することが重要になってきます。

3 ｜ 軍事利用

(1) 軍事利用

　AIの軍事利用については、さまざまな議論の存在するところです。まず、そもそも「禁止される軍事的利用」の範囲はどこまでかという問題が存在します。戦闘機パイロットの運転支援やレーダー能力の向上、AIによる輸送経路の最適化を利用して兵站を最適化することのような、議論の分かれそうな利用が多数存在します。

　爆撃や砲撃の精度を上げるのにAIを利用することはどうでしょうか。敵兵士の死傷率が向上するので軍事利用といえそうですが、他方で無関係な市民への誤射を防ぐという意味もあり、議論は分かれそうです。また、AIを用いた医療技術を使って負傷兵を治療することは、むしろ軍によるAI利用ではありますが好ましいものだといえるかもしれません。

　さらに、そもそも軍事的利用が禁止される理由も必ずしも明確ではなく議論が存在しているところです。

(2) LAWSに関する論争

　なお、このような軍事利用の一場面として、LAWS（Lethal Autonomous Weapons Systems：自律型致死兵器システム）に関する議論が存在します。LAWSとは、かんたんにいうと、敵かを判断し致死的な攻撃を加えることのできるAIのことです。このようなLAWSに関する制限が国際的に議論されていますが、そもそもLAWSが現在のところ存在しておらず、何がLAWSかという定義自体に争いがあり、合意には至っていません。

4 ｜ 死者への敬意

　死者への敬意や追悼の念が問題になることがあります。有名な事例が、2019年にテレビ番組で、1989年に死亡した昭和を代表する歌手である美空ひばりの声をAIにより復活させ、3D動画を用いて出演させたというものです。これに対して、死者に対する冒とくであるとの批判がなされました。

　また、死者をAIチャットボットの形で復活させるという技術についても、似たような議論がなされています。

5 インクルージョン

(1) AIへのインクルージョン

　インクルージョン（包摂性）も、AIが守るべき価値として指摘されることがあります。ここでのインクルージョンの意味として、AIの利用に関するインクルージョンがあります。つまり、ITに詳しくない高齢者やデバイス操作がうまくできない障碍者等であっても、AIのメリットを享受できるようにすべきであるということです。AIのインクルージョンを確保して、多様な人々に便益を提供できるようにするべきであるということです。このような点から、インターフェースの工夫や分かりやすい説明などが重要とされています。

(2) AIによるインクルージョン

　また、上記のようなインクルージョンとは別に、AIを使った聴覚障碍者に会話内容を文字で表現するデバイスのようなAIを使って、社会的弱者の社会参加を可能にしていくという意味でのインクルージョンの重要性も指摘されています。

演習問題3-11

問題1

2018年に「韓国科学技術院（KAIST）が自律型兵器システム研究を行う限り、KAISTとの協同研究を中止する」とした宣言が世界中のAI研究者から提出された。この問題に関する説明として、最も不適切な選択肢を1つ選べ。

A　KAISTが行っていた無人航法システムや追跡技術、認識技術が兵器システムなどの研究が自律型兵器システム開発につながると危惧された。

B　自律型兵器システムをはじめ、AI兵器は国際的に規制されており、使用することは全面禁止されている。

C　宣言に対してKAIST側は自律型兵器システムの開発を否定し、「メディアの記事による誤訳・誤解によるものである」と主張した。

D　AI研究者からの問い合わせに対してKAIST側が返信しなかったことが、宣言文が出た要因となっている。

解答 B

解説 ••

　LAWSをはじめ、AI兵器については、国際的な規制について議論の最中であり、禁止には至っていません。KAISTの案件を知らなくても解答可能です。

3

問題2（オリジナル問題）

AI倫理上のさまざまな課題や配慮について、最も不適切なものを1つ選べ。

A　人間の自律性が課題となることがあり、たとえば、高齢者や精神障碍者を狙ってAIでレコメンドを行うような場合が特に問題となる。

B　AIを用いてデジタル上で死者を復活させる場合には、死者への敬意といったことに留意が必要である。

C　ある程度のデジタル技術に関するリテラシーは当然求められるため、AIの開発にあたってはIT技術に詳しくない高齢者などへの配慮は行うべきではない。

D　AIを用いて聴覚障碍者に会話内容を文章で表示するなどにより、社会的なインクルージョンを促進できる。

解答 C

解説 ••

　インクルージョンの点からは高齢者をはじめ社会のさまざまな人に対する配慮が求められます。

3-12 AIガバナンス

AIガバナンスについて、さまざまな事項を幅広く解説します。

1 AIガバナンスとは

　AIガバナンスについては、明確な定義が存在しません。本書では、AIの積極的な利活用のためのガバナンスという側面よりも、AIによる事故等を減らしていくためのガバナンスに焦点を当てます。本書では、AIガバナンスとしてAIサービスや製品を提供する研究者や企業が、データの取得・提供から、サービス提供や運用に至る一連の流れの中で、事故や事件が起きないような管理体制をどのように取れば良いかを扱います。

　AIガバナンスといっても、その定義が明確ではないことから、ガイドラインや企業の取り組みで「AIガバナンス」として取り扱っている対象に差異があると同時に、取り扱い対象は多岐にわたります。

　たとえば、開発・運用過程での実施事項と組織体制整備に関する事項、モデルに関する実施事項からデータに関する実施事項、技術的な実施事項から非技術的な実施事項など取り扱い対象は広範にわたります。さらに、これまでの本書の各節で触れたような各倫理的価値を確保するための手法も含まれますし、説明可能性の確保や透明性の確保も含まれます。

　ここではAIガバナンスとして、既に本章の各節で解説したものは除いて（AIガバナンス上の重要な手法である透明性の確保についても説明済みとします）、紙面の都合がつく限り、広い範囲の実施事項を扱います。

　なお、以下では、「開発・運用時の実施事項」と「組織体制整備」とで実施事項を分けて解説します。ただし、文書化や多様性の確保など、両方に属するような、どちらかに分類するのが難しい事項が存在します。このような事項も強引に分類しているため、本書での分類は、とりあえずのものです。

3

2 開発・運用時の実施事項

(1) 倫理アセスメント

　開発・運用時にAIに倫理上の問題がないかの**倫理アセスメント**を行うことは、AIガバナンス上、極めて重要です。これは、AI倫理上守るべき価値に対して、開発・運用しているAIが影響を与えないか調査し、影響を与える場合、その大きさに応じて、影響を緩和する措置を組み込んだり、影響を受容するか等を決定するものです。

　このアセスメントは、AI開発のアセスメントやPoCといった初期段階から行うことが望ましいですが、一度行えば足りるとは限らず、実装前や運用開始前、さらには運用開始後であっても必要に応じて行うべきものです。

　行うアセスメントの内容は、確立したプロセスや内容は存在しませんが、

- 経済産業省の「AI原則実践のためのガバナンス・ガイドライン」(3-2参照)
- EUが出した倫理アセスメントのためのチェックリスト
  「Assessment List for Trustworthy Artificial Intelligence」
- OECDの「OECD Framework for the Classification of AI Systems」
  (3-2参照)、
- NISTが作成中の「AI Risk Management Framework」(3-2参照)

などを参考に行うことが1つの方法として考えられます。

(2) 人間の関与

　人間の関与(human oversight)として、AIの出力等に対して人間が関与することもAIガバナンス上重要なことです。

　人間の関与の方法としては、AIの出力を有効化する(たとえば、分析対象者に提示する)前に、人間が出力の適切性を確認し、不適切な場合は修正するというものが典型的に想定されています。ただし、このような方法以外を含める場合もあり、EUの「WHITE PAPER on Artificial Intelligence - A European approach to excellence and trust」では、出力を有効化した後に事後的に人間が確認することや、**モニタリングと一時停止**なども人間の関与(human oversight)の1つであるとしています。

　また、AIの出力を有効化した後に分析対象者等の不服申し立てがあった場合

にだけ、人間による確認を行うという方法も含める考えもあり得ます。さらに、EUの「Ethics Guidelines for Trustworthy AI」では、確認の対象をAIによる出力や意思決定から広げて、システム設計過程やモニタリングへの人間の関与や、AIシステムの活動全般を監督できることや、AIシステムを利用するか等を決めることができることも人間の関与（human oversight）としています。

　人間の関与により、人間により誤ってAIの出力が修正されてしまいシステム全体としての精度がかえって低下してしまう可能性や、かえってバイアスを増大させてしまう可能性も存在するところです。これらの点やAIによる意思決定が分析対象者等に与える影響や、確認する必要のある出力の件数、システムに求められる迅速性などを考えて、**人間の関与を導入するか、導入する場合は関与の方法を個別的に考えていくしかないでしょう。**

　人間の関与は人間とAIの協働（3-10）という点からの検討も重要になります。

（3）ステークホルダーの関与

　AI開発において多様なステークホルダーの関与を得ることは重要です。これにより多角的な観点からAIの問題点や問題点の解決方法を検討することができます。

　ステークホルダーの対象は、自明ではありません。個別のAIごとに検討していく必要があります。また、AI開発が進むにつれ、AIの内容が変更されたり具体化されていくことがあり、これによりステークホルダーが増えるなどの範囲の変更が生じることがあります。このため、**絶えずステークホルダーの範囲を検討する必要があります。**

　また、ステークホルダーの関与の方法としては、開発チームやAI倫理検討チームに加入してもらうというものから、相談や意見交換会の実施などさまざまです。ステークホルダーの持つ利害の重要性や、自社やステークホルダーがどこまでの関与が可能か、等を考えながら個別的に関与の方法を決定する必要があるでしょう。

　ステークホルダーとして、たとえば、女性差別が問題になる場合は、女性集団や女性コミュニティのような存在がステークホルダーといえますし、NPOのような存在もステークホルダーになることもあります。従来のシステム開発におけるステークホルダーの範囲と異なる可能性に留意する必要があります。

(4) モニタリングとフィードバック

　AIのモニタリングとフィードバックの取得も重要です。AIはその挙動を完全に事前に予測しきることは難しいため、**運用開始後も問題がないか確認し続けることが必要です。**

　モニタリングにおいて、どのような点をモニタリングするのか、どの程度の頻度でモニタリングするのかといった点は、AIの内容に即して個別的に考えるしかないでしょう。

　また、**フィードバックをユーザーや分析対象者から取得することで、倫理上の問題が発生していないか確認する必要があります。**フィードバック窓口を設けるとともに、倫理上の課題がフィードバック窓口から開発・運用チームやAI倫理担当者に伝達されるように情報共有のルートを整備する必要があります。

(5) 第三者による検査

　監査などの第三者による検査も重要です。もっとも、どのように監査等を行うかについて、確立したプロセス等は現在のところ存在していませんが、ニューヨーク州がAIによる採用選考ツールについて、事前監査を経ることを求める法律を2021年12月に可決させ、EUのAI規制法案（3-2参照）は一定のAIついて第三者による要求事項の適合性判断を必要としていますので、このようなプロセス等は今後定まっていくことが期待されます。

(6) データ品質と来歴の確保

　データの品質の確保や来歴の確保も重要です。データの品質とは、「個々のデータが事実を反映しているか、画像の場合は鮮明度や距離、角度など、テキストの場合は文法の適切性など」を指します。また公平性の点も含まれます。さらにデータセットとしての品質もここでは含むものとします。たとえば、外れ値の頻度や分類対象となるクラスごとのデータの割合などです。

　また、**データの来歴**とは、「データがどのように生成され、譲渡され、加工され、アノテーションされたのか、という経緯を指すもの」とします。このような来歴に関する事実を取得しておくことが有効です。

(7) 文書化・トレーサビリティ・再現性

　開発・運用におけるさまざまな決定やAI倫理上の決定の文書化も重要です。

　さらに、AIの出力のトレーサビリティも確保すべき場合が存在します。ここ

でのトレーサビリティとは、「AIの学習・運用における環境及び設定、モデル
の内容、用いた学習用データ等が追跡可能であること」とします。AI開発では
ハイパーパラメータをいろいろ変更して学習したりするため、このようなトレー
サビリティが失われがちであり、トレーサビリティの確保が指摘されています。

　また、同じデータを入力したら同じような出力になるという再現性も指摘さ
れています。学習時の乱数値の結果により精度が大きく異なるということは望
ましくなく、このような再現性の確保が指摘されています。

(8) UIの配慮

　ユーザー・インターフェース（UI）への配慮も指摘されています。AIが誤っ
たとしても安全側にシステムを動作させるフェールセーフの設計を用いること
で自動運転車の安全を確保したり、いくつかの選択肢を提示することで人間の
自律性を確保するといった例が挙げられます。

(9) 保険

　AI開発事業者やサービス提供者が、事故等で賠償責任を負ったときに、確実
に被害者に賠償がなされるように保険を利用することも指摘されています。た
だし、現在のところ、そのような保険商品が存在するかは別であり、今後の保
険商品開発が待たれるところです。

3　組織体制整備

(1) 責任者の決定

　AI倫理対応の責任者を決定することは重要です。当該責任者のもとAI倫理
に関する業務を行う必要があるため、ある程度権限を有した人物が適切で、役
員等の経営層から選択することが望ましいでしょう。

　なお、会社の規模、事業内容や会社におけるAIの利活用の状況によっては、
専属の責任者を選定することが難しいこともあります。このような場合には、
他の業務との兼任という形で責任者を決定することになります。

(2) 対応組織の整備

　AI倫理に対応するための組織を整備する必要があります。会社の規模、事業
内容やAIの利活用の状況によっては、他の業務を行わない専属の組織を設ける

3

べき場合もありますが、必ずしもその必要はありません。他の業務との兼務も可能でしょう。

　なお、このような対応組織には、多角的な検討を可能にするため、AI技術に関する知見を有する者、ITに関する知見を有する者、ビジネスに関する知見を有する者、法務に関する知見を有する者などさまざまな知見を有する者を集めることが望ましいです。

(3) AIポリシー

　自社のAI倫理に対するポリシーを説明するドキュメント（本書では「AIポリシー」と呼称する）を策定することも重要です。また、これを策定後、ホームページなどで公開する例も多数見られます。

　AIポリシーの内容としては、当該企業が重視するAI倫理上の価値を挙げるものが多いです。AIポリシーを策定する際は、他社のポリシーやひな形をそのまま真似るのではなく、**自社にとって重要な価値が何かを、経営層を中心に真摯に議論し、文書化することが重要です**。ただ、何となく重要な価値を挙げるのではなく、自社の事業内容や開発・利活用しているAIの内容に即して、また、自社の企業理念等に照らして、適切に遵守すべき価値を見つけ出していくことが必要です。

(4) 社内教育

　AI倫理に関する社内教育も重要です。対象としては、従業員はもちろん経営層も対象とすることが望ましいです。アルバイトやパートタイム、派遣社員、さらには常駐業務委託など、どこまで対象にするかは各人の担当する業務の内容等に応じて判断することになると思われます。

(5) インシデント対応

　AI倫理に関する事故や事件（インシデント）発生時の対応方法を定めておくことも重要です。特に、従業員がインシデントやその可能性に気づいたときに報告する窓口を定め、情報を一元化すると同時に、適切に経営層とAI倫理対応組織に情報が伝達されるようなエスカレーション等のルールを定めることが重要です。これに加えて、対応の方針や計画を定めることも考えられます。

　これらに加えて、インシデント対応のための模擬演習を行うことも考えられます。

(6) 情報収集体制

　AIの技術進歩が非常に速いことから、AI倫理上の課題や問題点、そしてこれらに対する対応策も日々新しいものが誕生しています。これらに対応して、最新の知見を社内で保有すべく、情報収集体制を適切に構築することが望ましいです。

(7) 委託先統制と情報共有

　AIに限らず、ITの世界では、開発から運用まですべてが自社内で完結するというのは珍しいことです。このため、AI倫理を守るためには、委託先やサプライチェーン全体を意識した対応が必要になります。

　たとえば、AI倫理の点を意識して業務委託先を評価・選定することや、委託先が行うべきAI倫理上の対応を契約書等に明記すること、AI倫理上の課題や対応策の実施状況などを委託元と委託先で情報共有して意見交換するなどが考えられます。

(8) 社内規定の整備

　以上のような社内整備等を社内規定にしておくことも意義があるでしょう。また、より詳細なマニュアル等のレベルで具体的なAIのテスト方法や倫理アセスメントの方法、検討すべき対応策などを定めることもあり得ます。

(9) 多様性の確保

　また、組織の多様性を確保することも重要です。ここでは、AIの開発・運用チームやAI倫理対応チームだけではなく、組織全体を含めて多様性を確保することが重要です。

　特にバイアスの問題では、不利益を受ける少数者などは日ごろから自分たちの声を社会に届ける手段がないこともあるため、バイアスの検討にあたっては自分が気づかない多様性のある視点が重要になります。

　もっとも、求められる多様性の程度は、企業の規模や事業の場所的範囲（国内だけで事業を行っているのか等）、AIの内容や想定利用シーンなどによりますので、個別的に判断するしかないでしょう。

4 ｜ まとめ

　以上、自社で行うべき実施事項のみを取り上げました。本書のAIガバナンスの定義から外れますが、AIの社会的需要の促進という観点からは、**自社を取り巻く他のステークホルダーの実施事項にも目を配る必要があります**。

　まず、消費者の知識向上です。これは学校等での教育を含むものです。AIに関するリテラシーのようなものが消費者側に増えると、消費者側の方で事故等の発生を防ぐことが期待できるようになります。

　同じく、消費者側の事情としては、消費者が加入するAIに関する事故時に補償を受けられる保険（現在、このような保険が存在するかは別として）の有無という点も重要です。

　また、メディアにおける取り扱いも重要です。AI倫理上の問題がメディアで取り上げられれば、消費者の知識向上が図れるでしょう。

　さらに、ニュースが真実であるかのファクトチェックも、AIを利用したデマ等の普及を防ぐとともに、学習用データの品質確保の点から有効かもしれません。

　国や業界団体におけるルールや基準作りも重要です。さらに、AIに関する事故や事件を社会で共有し、各人がそこから学びを得られるような事案共有のシステムも有用でしょう。

　AIガバナンスとして取るべき事項は、企業やAIの内容等により異なることから、各人が真摯に検討する必要があります。

演習問題3-12

問題1

　AI技術の社会実装によって生じる倫理的・法的・社会的な課題に対処するために企業が留意しなければならないこととして、最も不適切な選択肢を1つ選べ。

A　社内でAI倫理委員会を組織する際には、実効性のない名ばかりの委員会による「エシカル・ウォッシュ」に陥らないよう設置者が委員会の人選や権限に留意する必要がある。

B　個人情報などを扱う企業においては、単に社内で法令やコンプライアンスを遵守するだけでなく、ユーザーに対してプライバシーやセキュリティ対策をどのように実施しているのかを公開し、透明性を高めることが望ましい。

C　企業は自社の製品やサービスによって発生した倫理的・法的・社会的課題に対処するため、クライシスの種類と緊急レベルに応じた危機管理マニュアルを整備しておくことが望ましい。

D　個人情報の自動化された処理に基づいてユーザーの行動特性を評価するプロファイリングは、ユーザーの強い不安を引き起こすことが予測されるため、本人にプロファイリングを行う旨を通知しないように留意する必要がある。

解答　D

解説 ••

　AIを利用していることの開示は、透明性の点から望ましいことです。知らせないことによる偽りの安心を目指すべきではありません。

問題2

　機械学習のモデルの判断に基づいて施策を行おうとする際に、損害や倫理的問題を引き起こさないための対応として、最も不適切な選択肢を1つ選べ。

A　問題が起こった時の説明責任を果たすためにも、モデル構築の際に行った意思決定を根拠とともに文書としてまとめる。問題を指摘された場合にはこの文書に基づいて説明を行い、問題の起きた理由とその改善方法について説明を行わなければならない。

B　たとえ合意を得る手順を踏んでいたとしても、就活生と就活情報サイトの関係など優越的地位を利用してデータを収集し不適切なデータ利用をしたと判断される場合もあるため、場合によっては最初からデータ収集や分析そのものを諦めなければならない場合もある。

C　ユーザーやメディアから問題の指摘があった場合であっても、データに基づいたモデルの判断に自信があれば、曖昧な態度をとらず毅然として問題ないと主張すべき。

D　現実社会における性別や人種に基づく差別的な偏りがデータに反映されると考えられる場合、その偏りを是正するような措置を取らなければならない。

解答　**C**

解説 ┈┈

　多くの場合、AIはすべての挙動を事前に知ることが困難なため、ユーザー等からの指摘に対しては、真摯に対応し、指摘されたような不適正な挙動がないか確認するべきです。

第3章の参考文献

　AI倫理部分の参考文献として、今後の学習の手がかりであったり、詳細を調査する上で重要と思われる書籍及び論文・報告書を中心に紹介します。論文は、なるべくインターネット上で公開されているものを挙げるようにします。

- 古川直裕、渡邊道生穂、柴山吉報、木村菜生子「Q&A AIの法務と倫理」（2021年　中央経済社）

　　筆者らが法律専門家や法務担当者向けに執筆した書籍です。AI倫理は、このような法律関係者がどのようにアプローチしていくかという観点から説明しています。本書より詳細になっています。

- 江間有沙「絵と図でわかる AIと社会 — 未来をひらく技術とのかかわり方」（2021年　技術評論社）

- 江間有沙「AI社会の歩き方—人工知能とどう付き合うか」（化学同人　2019年）

- 福岡真之介「AI・データ倫理の教科書」（光文堂　2022年）

- M. クーケルバーク「AIの倫理学」（2020年　丸善出版）

- 中川裕志「裏側から視る AI」（2019年　近代科学社）

- Anna Jobin, Marcello Ienca, Effy Vayena "Artificial Intelligence: the global landscape of ethics guidelines" (2019)

　　さまざまなAI倫理のガイドラインについて、どのような価値が挙げられているかなどを調べた論文であり、ガイドラインの傾向をつかむのに良いと思われます。

- Julia Angwin, Jeff Larson, Surya Mattu and Lauren Kirchne "Machine Bias" (2016)

　　COMPASが公平性を欠いているのではないかという問題提起を行ったプロパブリカ社による記事です。

- William Dieterich, Christina Mendoza, Tim Brennan "COMPAS Risk Scales:Demonstrating Accuracy Equity and Predictive Parity" (2016)

　　上記の記事に対するプロパブリカ社の反論です。

- Inioluwa Deborah Raji, Joy Buolamwini "Actionable Auditing: Investigating the Impact of Publicly Naming Biased Performance Results of Commercial AI Products"（2019）
  顔認識のバイアスに関して論じた有名な論文です。

- "A Taxonomy and Terminology of Adversarial Machine Learning"（2019）
  NISTによるAIに対する攻撃の分類に関する報告書案です。

- "Malicious Uses and Abuses of Artificial Intelligence"（2020）
  トレンドマイクロ社、UNICRI（国連地域間犯罪司法研究所）、Europol（欧州刑事警察機構）によるAIの悪用に関するレポートです。

- 大坪直樹・中江俊博・深沢祐太・豊岡 祥・坂元哲平・佐藤 誠・五十嵐健太・市原大暉・堀内新吾「XAI（説明可能なAI）― そのとき人工知能はどう考えたのか？」(2021年　リックテレコム)
  AIに説明可能性を付与する技術に関する書籍で、代表的な技術について説明してくれています。

- Emma Strubell, Ananya Ganesh, Andrew McCallum "Energy and Policy Considerations for Deep Learning in NLP"（2019）
  Attentionの学習に必要な電力消費に関する論文です。

- "Future of Work Working Group Report"（2020）
  GPAI（Global Partnership on AI）による仕事の未来に関するレポートです。

- 「AIガバナンスエコシステム ― 産業構造を考慮に入れたAIの信頼性確保に向けて」(2021年)
  日本ディープラーニング協会「AIガバナンスとその評価委員会」によるレポートです。

- 「AIガバナンスエコシステム - AIは誰が管理・評価するのか」(2022年)
  上記の研究会による第2期の報告書です。

3

さくいん

さくいん

さくいん

■著者略歴

古川　直裕（ふるかわ　なおひろ）
第1章、第3章を担当。
弁護士、株式会社ABEJA所属。
情報処理安全確保支援士、スクラムマスター
弁護士事務所所属の弁護士を経て、インハウス弁護士に転身。その後、約3年間にわたりAI研究・開発に従事し、AIの企画、データ収集及び前処理、モデル実装・学習、性能評価などAI開発のほぼすべての過程を行う。2020年2月から現職。AIに関する法務及び倫理を主に取り扱い、AI倫理コンサルティングの提供を行っている。
AI法研究会設立者、代表。2023年1月から、G7を中心とする15カ国・地域が設立メンバー国となっているGlobal Partnership on AIの専門家委員。日本ディープラーニング協会の研究会、「AIガバナンスとその評価」研究員、「契約締結におけるAI品質保証」研究員、「AIデータと個人情報」研究員、試験委員を務める。
著書：「Q&A AIの法務と倫理」（編著者　中央経済社　2021年）、
　　　「サイバーセキュリティ法務」（共同編著者　商事法務　2021年）等。

渡邊　道生穂（わたなべ　みきほ）
第2章2-8 ～ 2-14、2-21 ～ 2-25を担当。
弁護士、HEROZ株式会社所属。
法律事務所にて訴訟等に携わった後、2018年7月以降現職。
HEROZ株式会社においてガバナンス・法務全般を統括し、主にAI関連法務、知的財産関連業務、情報管理、コーポレートガバナンス等の業務に携わる。
AI法研究会を共同設立、事務局長。東京弁護士会AI部会所属。
日本ディープラーニング協会（JDLA）の研究会、「契約締結におけるAI品質保証」研究員、「AIデータと個人情報」研究員、試験委員として活動。
著書・論文：「Q&A AIの法務と倫理」（共同執筆者　中央経済社　2021年）、
　　　　　　「金融法務事情（2022年6月10日号（2187号）、与信AIに法規制はなされるか—差別・公平性の観点から—」等

柴山　吉報（しばやま　きっぽう）

第2章2-1 〜 2-7、2-15 〜 2-20を担当。

弁護士・機械学習エンジニア（E資格）。阿部・井窪・片山法律事務所所属。
AIの開発やデータの取扱いに関する法律問題を中心に、個人情報保護法・知的
財産法等の分野を多く扱う。AIプロダクト品質保証コンソーシアム（QA4AI）
メンバー、日本ディープラーニング協会（JDLA）の研究会「AIデータと個人情
報保護」副座長、経産省・特許庁の「研究開発型スタートアップと事業会社のオー
プンイノベーション促進のためのモデル契約書ver2.0（AI編）」改定ワーキング
グループメンバー等を務める。

著書等：『Q&A　AIの法務と倫理』（共同執筆者　中央経済社）、『第4次産業革
　　　　命と法律実務─クラウド・IoT・ビッグデータ・AIに関する論点と保
　　　　護対策─』（共同執筆者　民事法研究会）、「カメラ画像等の利活用時に
　　　　おける企業の対応事項」（ビジネス法務2021年9月号）、NewsPicksの
　　　　連載「AI/DXと社会」等。

■日本ディープラーニング協会（JDLA）とは

　ディープラーニングを中心とする技術による日本の産業競争力の向上を目指し、松尾豊（東京大学教授）を理事長として、2017年6月に設立されました。

　ディープラーニングを事業の核とする企業及び有識者が中心となって、産業活用促進、人材育成、公的機関や産業への提言、国際連携、社会との対話など、産業の健全な発展のために必要な活動を行っています。

　また、ディープラーニングを中心とする産業を大きくする取り組みの一つとして、会員制度を設けております。

　ディープラーニングを事業の核としている企業の「正会員」と、ディープラーニングに関わる研究や人材育成に注力している有識者で構成される「有識者会員」、協会趣旨に賛同する法人が参加する「賛助会員」、本協会の目的に賛同し、本協会が取り組むディープラーニングの産業・社会実装及び人材育成の活動に協力する地方公共団体並びに都道府県及び市町村等に置かれる教育委員会で構成される「行政会員」といった4つの会員種別を設け、多くの企業、団体、技術者や有識者の方々にご参画いただいております。

■CDLE（Community of Deep Leaning Evangelists）とは

　G検定・E資格の試験合格者のみが参加できる日本最大級のAI人材コミュニティです。

　CDLEでは、「学ぶ・繋がる・使う」をコンセプトに、ディープラーニングの最新技術・活用事例などの情報共有、勉強会、地域・業界や属性別の交流会、LT会やコンペ参加やメディア運営でのアウトプット活動などを日々行っています。合格後の学習継続・スキルアップ及び社会での活躍のために、同じ目的・興味関心を持つ仲間と出会い、学び合う場として、多くの合格者がCDLEを活用しています。JDLAでは、合格者が実際にビジネスの場で活躍することがディープラーニングの社会実装に繋がると考え、CDLEのコミュニティ活動を積極的に支援しています。

　正会員社や有識者との交流が得られるMeet Upやハッカソン、勉強会、国際カンファレンス（CVPRやNeurLIPSなど）の技術報告会、JDLAが主催するCDLE限定イベントも多数開催しています。

カバーデザイン	●下野 ツヨシ（ツヨシ＊グラフィックス）
本文レイアウト・DTP	●藤田 順
編集	●遠藤 利幸

ディープラーニングＧ検定（ジェネラリスト）
法律・倫理テキスト

2023年 5月11日　初 版　第1刷発行

編著者	古川 直裕（ふるかわ なおひろ）
著 者	渡邊 道生穂（わたなべ みきほ）、柴山 吉報（しばやま きっぽう）
監 修	一般社団法人 日本ディープラーニング協会（いっぱんしゃだんほうじん にほんでぃーぷらーにんぐきょうかい）
発行者	片岡 巌
発行所	株式会社技術評論社
	東京都新宿区市谷左内町21-13
	電話　03-3513-6150 販売促進部
	03-3513-6166 書籍編集部

印刷／製本　昭和情報プロセス株式会社

定価はカバーに表示してあります。

本書の一部または全部を著作権法の定める範囲を越え、無断で複写、複製、転載、テープ化、ファイルに落とすことを禁じます。

ⓒ2023　古川 直裕、渡邊 道生穂、柴山 吉報

造本には細心の注意を払っておりますが、万一、乱丁（ページの乱れ）や落丁（ページの抜け）がございましたら、小社販売促進部までお送りください。送料小社負担にてお取り替えいたします。

ISBN 978-4-297-13240-8 C3055
Printed in Japan

■お問い合わせについて

お問い合わせの前にp.2の注意事項をご確認ください。

本書に関するご質問は、FAXか書面でお願いします。電話での直接のお問い合わせにはお答えできませんので、あらかじめご了承ください。また、下記のWebサイトでも質問用のフォームを用意しておりますので、ご利用ください。

ご質問の際には、書名と該当ページ、返信先を明記してください。e-mailをお使いになられる方は、メールアドレスの併記をお願いします。

お送りいただいた質問は、場合によっては回答にお時間をいただくこともございます。なお、ご質問は本書に書いてあるもののみとさせていただきます。

■お問い合わせ先
〒162-0846
東京都新宿区市谷左内町21-13
株式会社技術評論社　書籍編集部
「ディープラーニングG検定（ジェネラリスト）
　法律・倫理テキスト」係
FAX：03-3513-6183
Web：https://gihyo.jp/book